气体动力学
同步学习指导及习题详解

主　编　原渭兰
副主编　吕卫民　贾忠湖

科学出版社
北　京

内 容 简 介

本书是与海军航空工程学院原渭兰教授主编的教材《气体动力学》配套的学习指导书。

全书共十章，其编排顺序与《气体动力学》教材一致。主要内容有：流体属性及流体静力学、流体运动的基本概念和基本方程、重要的气流参数和气体动力学函数、膨胀波、激波、一维定常管内气体流动、黏性流体流动的基本知识、不可压平面势流、低速机翼理论基础、高速机翼气动特性。每章由内容提要、典型题目解析、思考题解答、习题解答四部分组成。

本书可作为高等院校“气体动力学”课程的教学辅导书和“流体力学”、“空气动力学”等相关课程的教学参考书，也可供相关工程技术人员参考使用。

图书在版编目(CIP)数据

气体动力学同步学习指导及习题详解/原渭兰主编. —北京：科学出版社，2013.10

ISBN 978-7-03-036298-8

Ⅰ.①气… Ⅱ.①原… Ⅲ.①气体动力学-高等学校-教学参考资料 Ⅳ.①O354

中国版本图书馆 CIP 数据核字（2012）第 314463 号

责任编辑：朱晓颖 张丽花 / 责任校对：胡小洁
责任印制：徐晓晨 / 封面设计：迷底书装

科学出版社出版
北京东黄城根北街 16 号
邮政编码：100717
http://www.sciencep.com

涿州市般润文化传播有限公司 印刷
科学出版社发行 各地新华书店经销

*

2013 年 10 月第 一 版 开本：720×1000 B5
2021 年 1 月第六次印刷 印张：8 1/2
字数：162 000

定价：39.00 元

（如有印装质量问题，我社负责调换）

前　言

本书是与海军航空工程学院原渭兰教授主编的教材《气体动力学》配套的学习指导书。

全书共十章，其编排顺序与《气体动力学》教材一致。主要内容有：流体属性及流体静力学、流体运动的基本概念和基本方程、重要的气流参数和气体动力学函数、膨胀波、激波、一维定常管内气体流动、黏性流体流动的基本知识、不可压平面势流、低速机翼理论基础、高速机翼气动特性。每章由内容提要、典型题目解析、思考题解答、习题解答四部分组成。其中内容提要部分对教材中的内容进行了高度的概括总结，系统简洁地串讲了该章的重要概念、重要理论、重要方程，以及学生学习过程中经常遇到但又无力自我解决的一些疑难问题，并对这些问题进行了详细解答；典型题目解析部分对精选出来的各种类型典型题目进行了深入的分析和详细解答，并特别针对初学者容易出错和容易迷惑的地方给出了提示；课后思考题解答部分和习题解答部分分别给出了教材中每章末思考题和习题的详细解答，对学生的学习具有很强的指导作用。

本书由原渭兰主编，参加编写的有：原渭兰（第1～6章）、吕卫民（第7章）、王允良（第8章）、贾忠湖（第9、10章）。全书由原渭兰统稿。海军航空工程学院赵文昌教授对全书进行了详细审阅，并提出了许多宝贵意见，在此表示衷心的感谢。

本书可作为高等院校“气体动力学”课程的教学辅导书和“流体力学”、“空气动力学”等相关课程的教学参考书，也可供相关工程技术人员参考使用。

由于编者水平有限，书中如有错误或不妥之处，敬请读者批评指正。

编　者

2013年6月

目　录

前言

第 1 章　流体属性及流体静力学 …… 1

1.1　内容提要 …… 1

1.2　典型题目解析 …… 3

1.3　思考题解答 …… 7

1.4　习题解答 …… 8

第 2 章　流体运动的基本概念和基本方程 …… 12

2.1　内容提要 …… 12

2.2　典型题目解析 …… 17

2.3　思考题解答 …… 22

2.4　习题解答 …… 24

第 3 章　重要的气流参数和气体动力学函数 …… 35

3.1　内容提要 …… 35

3.2　典型题目解析 …… 38

3.3　思考题解答 …… 43

3.4　习题解答 …… 44

第 4 章　膨胀波 …… 48

4.1　内容提要 …… 48

4.2　典型题目解析 …… 50

4.3　思考题解答 …… 54

4.4　习题解答 …… 55

第 5 章　激波 …… 60

5.1　内容提要 …… 60

5.2　典型题目解析 …… 62

5.3　思考题解答 …… 67

5.4　习题解答 …… 69

第 6 章　一维定常管内气体流动 …… 76

6.1　内容提要 …… 76

6.2　典型题目解析 …… 78

6.3 思考题解答…………………………………………………… 82
6.4 习题解答………………………………………………………… 83
第 7 章 黏性流体流动的基本知识 …………………………… 95
7.1 内容提要………………………………………………………… 95
7.2 典型题目解析…………………………………………………… 98
7.3 思考题解答 …………………………………………………… 100
7.4 习题解答 ……………………………………………………… 102
第 8 章 不可压平面势流……………………………………… 105
8.1 内容提要 ……………………………………………………… 105
8.2 典型题目解析 ………………………………………………… 107
8.3 思考题解答 …………………………………………………… 110
8.4 习题解答 ……………………………………………………… 110
第 9 章 低速机翼理论基础…………………………………… 115
9.1 内容提要 ……………………………………………………… 115
9.2 典型题目解析 ………………………………………………… 116
9.3 思考题解答 …………………………………………………… 116
9.4 习题解答 ……………………………………………………… 118
第 10 章 高速机翼气动特性 ………………………………… 121
10.1 内容提要……………………………………………………… 121
10.2 典型题目解析………………………………………………… 123
10.3 思考题解答…………………………………………………… 123
10.4 习题解答……………………………………………………… 126

第 1 章　流体属性及流体静力学

1.1　内 容 提 要

本章在介绍连续介质假设的基础上依次介绍了流体的基本性质、作用在流体上的力、流体静平衡微分方程及其积分等气体动力学中经常使用的一些基本知识，其中重要的基本概念、基本理论和基本方程如下。

1. 基本概念

1）流体

流体包括气体和液体，流体是气体和液体的总称。

2）绝热过程

与外界没有热量交换的过程称为绝热过程。

3）绝能过程

与外界没有热量交换也没有机械功交换的过程称为绝能过程。

4）等熵过程

可逆的绝热过程称为等熵过程。一般情况下，无摩擦的绝热过程可以看做等熵过程。

5）绝能等熵过程

与外界没有热量交换也没有机械功交换的可逆过程称为绝能等熵过程。

6）可压缩流动与不可压缩流动

密度不变的流动称为不可压缩流动，反之密度变化的流动称为可压缩流动。

7）理想流体

黏性系数等于零的无黏性流体称为理想流体。

8）等压面

压强均匀分布的表面称为等压面。

9）自由表面

自由表面指的是液体和气体交界处的液体表面。自由表面的特点是自由表面上的压强等于其表面的气体压强，因此自由表面是一个等压面。

2. 基本理论和基本方程

1）连续介质假设的使用条件

$$\bar{l}/L < 0.01$$

式中，$\bar{l}$ 是分子平均自由行程；L 是所研究物体的特征尺寸。

2）完全气体状态方程

$$p = \rho RT$$

3）等熵过程中压强和密度的关系

$$\frac{p}{\rho^k} = \frac{p_1}{\rho_1^k} = \frac{p_2}{\rho_2^k} = \text{常数}$$

4）牛顿内摩擦定律

$$\tau = \mu \frac{\mathrm{d}v}{\mathrm{d}y}$$

5）运动黏性系数与动力黏性系数的关系

$$\nu = \frac{\mu}{\rho}$$

6）作用在流体上的力

作用在流体上的力有质量力和表面力两种，其中质量力是外界力场作用在流体体积内每一个流体质点上的力，它的大小与流体体积或流体质量成正比。表面力是作用在流体表面上的力，表面力的最大特点是它是接触力，是由与所研究流体相接触的其他流体或物体的作用产生的。静止流体和运动的无黏性流体只受法向表面力作用。

7）流体静压强特性

流体静压强具有两个重要特性：一是流体静压强的方向总是垂直指向作用面，二是一点处流体静压强的大小沿各个方向上都是相等的，因此流体静压强是标量。

8）静止流体中等压面位置

静止流体中的等压面与作用在单位质量流体上的总质量力垂直。

9）流体静力学基本方程

$$p = p_0 - \rho g z \quad \text{和} \quad p = p_0 + \rho g h$$

3. 常用公式

1）连续介质假设的使用条件

$$\bar{l}/L < 0.01$$

2）完全气体状态方程

$$p = \rho RT$$

3）牛顿内摩擦定律

$$\tau = \mu \frac{\mathrm{d}v}{\mathrm{d}y}$$

4）运动黏性系数与动力黏性系数的关系

$$\nu = \frac{\mu}{\rho}$$

5）流体静力学基本方程

$$p = p_0 + \rho g h$$

4. 常见问题

在本章的学习中经常出现下述两方面的问题：

（1）对牛顿内摩擦定律认识不足，结果使得求解摩擦阻力时不知道速度梯度中的坐标 y 应该等于零。事实上，牛顿内摩擦定律中的切应力和速度梯度对应于同一个坐标 y，要求哪个坐标 y 下的切应力，相应的速度梯度就是同一个坐标 y 下的速度梯度。因为摩擦阻力是作用在物体表面上的切应力的合力，而物体表面上的坐标 y 等于零，所以求解摩擦阻力时速度梯度中的坐标 y 应该等于零。

（2）学习方法不当，结果使得基本概念和基本理论的掌握达不到要求。对于基本概念和基本理论不能死记硬背，要在理解的基础上记忆才能获得好的效果，理解中要特别注意关键词的掌握。例如，不可压缩流动概念中的关键词是密度不变；理想流体概念中的关键词是黏性系数等于零。

1.2 典型题目解析

例 1.1 将汽缸中温度 $T_1 = 320\text{K}$、压强 $p_1 = 2.80 \times 10^5\text{Pa}$、体积 $V_1 = 0.5\text{m}^3$ 的空气压缩到体积 $V_2 = 0.1\text{m}^3$。求：（1）等温压缩过程中新体积下的空气压强是多少？（2）等熵压缩过程中新体积下的空气压强是多少？

分析 汽缸中压缩过程的特点是气体质量不变，根据这个特点，利用完全气体状态方程可以求出等温压缩过程中新体积下的空气压强，利用等熵压缩过程中压强与密度的关系可以求出等熵压缩过程中新体积下的空气压强。

解 （1）因为压缩过程中汽缸里的空气质量没有变化 $m_2 = m_1$，所以由完全气体状态方程

$$p = \rho RT = \frac{m}{V} RT$$

得等温压缩过程中

$$\frac{p_2}{p_1} = \frac{V_1}{V_2}$$

故

$$p_2 = \frac{V_1}{V_2} p_1 = \frac{0.5}{0.1} \times 2.80 \times 10^5 = 1.4 \times 10^6 (\text{Pa})$$

（2）由等熵过程中气体压强与气体密度的关系，得

$$\frac{p_2}{p_1}=\left(\frac{\rho_2}{\rho_1}\right)^k$$

因为

$$\frac{\rho_2}{\rho_1}=\frac{m_2}{V_2}\times\frac{V_1}{m_1}=\frac{V_1}{V_2}$$

所以

$$p_2=\left(\frac{V_1}{V_2}\right)^k p_1=\left(\frac{0.5}{0.1}\right)^{1.4}\times 2.80\times 10^5=2.665\times 10^6(\mathrm{Pa})$$

【提示】 比较上述计算结果可以看到同样的体积变化下，等熵压缩后的压强升高比等温压缩后的压强升高大得多。这是因为，与等温压缩过程不同，等熵压缩过程中气缸中的空气不能向外界散热，压缩过程中产生的热量将用来提高空气的温度，而由完全气体状态方程知，空气的压强与温度成正比关系，温度升高时压强必然升高，所以同样的体积变化下，等熵压缩后的压强升高要比等温压缩后的压强升高大得多。

例 1.2 如图 1.1 所示，流体流过平壁时 δ 范围内的流速按抛物线规律分布：

$$v=v_\infty\left(2\frac{y}{\delta}-\frac{y^2}{\delta^2}\right)$$

式中，$v_\infty=20\mathrm{m/s}$，$\delta=10\mathrm{mm}$。求：（1）空气和水作用在壁面上的摩擦应力 $\tau_{w空气}$ 和 $\tau_{w水}$，空气的黏性系数 $\mu_{空气}=1.739\times10^{-5}\mathrm{Pa\cdot s}$，水的黏性系数 $\mu_{水}=1.006\times10^{-3}\mathrm{Pa\cdot s}$；（2）空气在 $y=\delta/2$ 和 $y=3\delta/2$ 处的内摩擦应力。

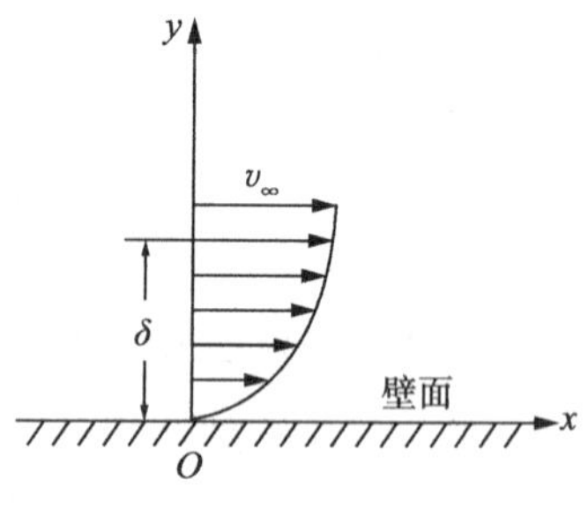

图 1.1　例 1.2 图

分析 这是一个典型的牛顿内摩擦定律应用题目，计算中需要特别注意内摩擦应力与速度梯度的对应关系，即内摩擦应力与速度梯度必须是同一位置的值。

解 （1）因为

$$\frac{\mathrm{d}v}{\mathrm{d}y}=v_\infty\left(\frac{2}{\delta}-\frac{2y}{\delta^2}\right)$$

根据牛顿内摩擦定律

$$\tau_w=\mu\left.\frac{\mathrm{d}v}{\mathrm{d}y}\right|_{y=0}=\mu\frac{2v_\infty}{\delta}$$

所以

$$\tau_{w空气}=\mu_{空气}\frac{2v_\infty}{\delta}=1.739\times10^{-5}\times\frac{2\times20}{10\times10^{-3}}=0.06956(\mathrm{Pa})$$

$$\tau_{w水}=\mu_{水}\frac{2v_\infty}{\delta}=1.006\times10^{-3}\times\frac{2\times20}{10\times10^{-3}}=4.024(\mathrm{Pa})$$

(2) 根据牛顿内摩擦定律

$$\tau_{空气}\big|_{y=\frac{\delta}{2}}=\mu_{空气}\frac{\mathrm{d}v}{\mathrm{d}y}\bigg|_{y=\frac{\delta}{2}}=\mu_{空气}\frac{v_{\infty}}{\delta}=1.739\times10^{-5}\times\frac{20}{10\times10^{-3}}=0.03478(\mathrm{Pa})$$

$$\tau_{空气}\big|_{y=\frac{3\delta}{2}}=\mu_{空气}\frac{\mathrm{d}v}{\mathrm{d}y}\bigg|_{y=\frac{3\delta}{2}}=\mu_{空气}\times0=0(\mathrm{Pa})$$

【提示】 由上述结果可以看到内摩擦应力的大小与黏性系数和速度梯度成正比关系。同样的速度梯度条件下，黏性系数越大，相应的内摩擦应力越大；同样的黏性系数条件下，速度梯度越大的地方，内摩擦应力越大。

例 1.3 如图 1.2 所示，贮水小车沿倾斜角 φ 的轨道向下做等加速运动，设加速度为 a，试证明小车内水面的倾斜角

$$\theta=\arctan\frac{a\cos\varphi}{g-a\sin\varphi}$$

式中，g 是重力加速度。

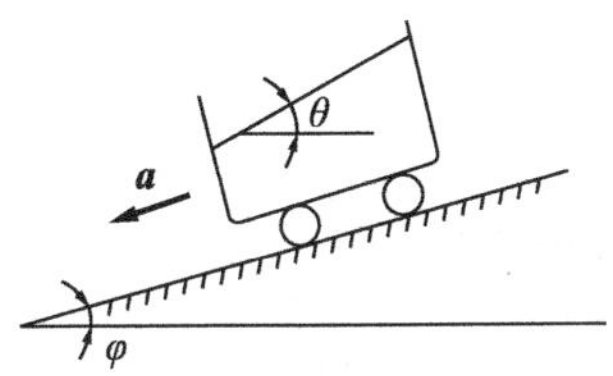

图 1.2 例 1.3 图

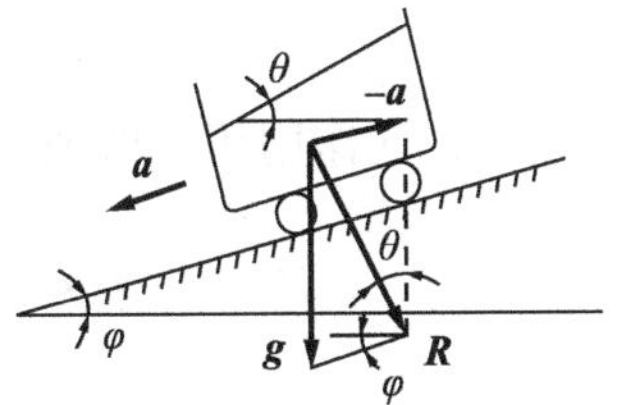

图 1.3 例 1.3 证明图

分析 如图 1.3 所示，小车内的水面是自由表面，因此本题应根据静止液体的自由表面与作用在单位质量液体上的总质量力相垂直的推论来证明。

证明 题设情况下，小车内单位质量水上的质量力有两个，一个是重力 $\boldsymbol{g}$，另一个是惯性力 $\boldsymbol{a}$，重力的方向垂直向下，惯性力的方向与加速度的方向相反。将重力和惯性力按平行四边形法则合成，其对角线的方向就是总质量力 $\boldsymbol{R}$ 的方向。因为自由表面的方向与总质量力 $\boldsymbol{R}$ 的方向垂直，所以这种情况下的水面是一个左低右高的斜面。

由图中的几何关系得

$$\tan\theta=\frac{a\cos\varphi}{g-a\sin\varphi}$$

故

$$\theta=\arctan\frac{a\cos\varphi}{g-a\sin\varphi}$$

【提示】 对于液体自由表面问题，求解的关键在于正确使用静止流体中的等压面与作用在单位质量流体上的总质量力相垂直的结论。

例 1.4 一矩形闸门的位置尺寸如图 1.4 所示，闸门宽度 $b=1.5\mathrm{m}$，其上

缘 A 处设有转轴，下缘连接铰链，以备开闭。若忽略闸门自重及轴间摩擦力，求开启闸门所需的拉力 T 。

分析 开启闸门时，阻止闸门运动的力是流体作用在闸门上的总压力，因此求解本题应先根据流体静力学基本方程求出流体作用在闸门上的总压力，然后根据合力矩定理求出该总压力的作用点，最后再根据力矩平衡定理求出开启闸门所需的拉力 T 。显然，这是一个综合性题目。

解 作闸门的延长线与水面的延长线相交于点 O，取坐标系如图 1.5 所示。由图 1.5 知，闸门的一侧是水，闸门的另一侧是大气，因此作用在闸门上的总压力

$$P=\int_{\frac{\sqrt{3}}{\sin 60^\circ}}^{\frac{\sqrt{3}}{\sin 60^\circ}+2}(p_a+\rho g y\sin 60^\circ)\mathrm{d}A-\int_{\frac{\sqrt{3}}{\sin 60^\circ}}^{\frac{\sqrt{3}}{\sin 60^\circ}+2}p_a\mathrm{d}A=\int_{\frac{\sqrt{3}}{\sin 60^\circ}}^{\frac{\sqrt{3}}{\sin 60^\circ}+2}\rho g y\sin 60^\circ b\mathrm{d}y$$

因为

$$\frac{\sqrt{3}}{\sin 60^\circ}=\frac{\sqrt{3}}{\sqrt{3}/2}=2$$

且闸门两侧的大气作用相互抵消了，所以

$$P=\int_2^4\rho g y\sin 60^\circ b\mathrm{d}y=\rho g b\sin 60^\circ\left.\frac{y^2}{2}\right|_2^4$$

$$=1000\times 9.81\times 1.5\times\sin 60^\circ\times\frac{4^2-2^2}{2}=76461.4\ (\mathrm{N})$$

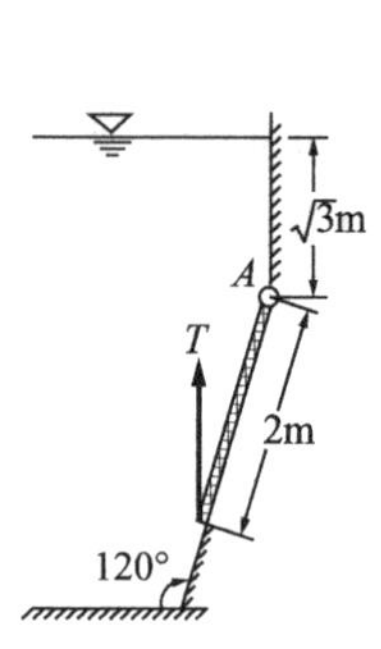

图 1.4 例 1.4 图

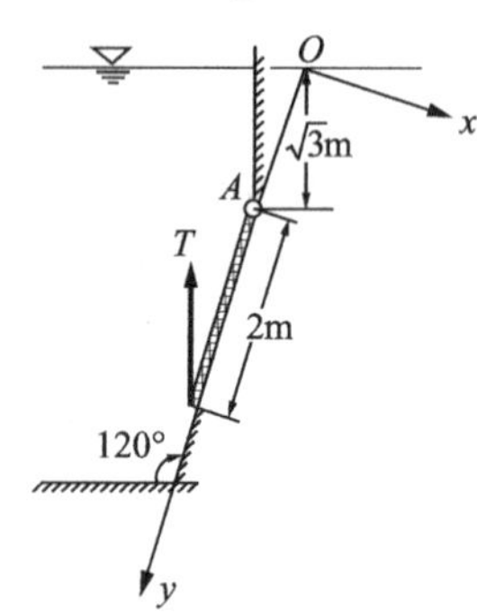

图 1.5 例 1.4 解图

因为同一深度处水的压强是均匀相等的，而闸门另一侧的大气压强是均匀作用的，所以作用在闸门上的总压力的作用点在闸门宽度一半的直线上，只要求出作用点的 y 坐标就行了。设闸门上总压力的作用点的 y 坐标为 y_D ，根据合力矩定理对 z 轴取矩，得

$$Py_D=\int_{\frac{\sqrt{3}}{\sin 60^\circ}}^{\frac{\sqrt{3}}{\sin 60^\circ}+2}(p_a+\rho g y\sin 60^\circ)\mathrm{d}A\cdot y-\int_{\frac{\sqrt{3}}{\sin 60^\circ}}^{\frac{\sqrt{3}}{\sin 60^\circ}+2}p_a\mathrm{d}A\cdot y$$

$$y_D = \frac{\int_2^4 \rho g y \sin 60° b \mathrm{d}y \cdot y}{P} = \frac{\rho g b \sin 60° \left.\frac{y^3}{3}\right|_2^4}{P}$$

$$= \frac{1000 \times 9.81 \times 1.5 \times \sin 60° \times \frac{4^3 - 2^3}{3}}{76461.4} = 3.11(\mathrm{m})$$

又因为总压力的方向垂直指向闸门，所以根据力矩平衡定理对 A 处转轴取矩，得

$$T \times 2\cos 60° = P \times \left(y_D - \frac{\sqrt{3}}{\sin 60°}\right)$$

或
$$T \times 1 = P \times (y_D - 2)$$

故
$$T = 76461.4 \times (3.11 - 2) = 84872.15(\mathrm{N})$$

【提示】 由上述解题过程可以看到，因闸门两侧均有大气压力的作用，且作用相互抵消了，所以计算中可以不考虑大气对闸门的作用。

1.3 思考题解答

1.1 给定温度下，气体的压缩性随其压强的升高而增大，还是随其压强的升高而减小？为什么？

答 因为给定温度下气体的压缩系数与压强成反比，$\beta_p = 1/p$，压强越高，压缩系数越小，而压缩系数的大小反映了流体压缩性的大小，压缩系数越小，流体的压缩性越小，越不容易被压缩，所以给定温度下，气体的压缩性随其压强的升高而减小。

1.2 液体是不可压缩流体，气体是可压缩流体，这种说法对吗？为什么？

答 不对。实际流体都是可压缩的，绝对不可压缩的流体是不存在的。但是当流体的压缩性很小，小到可以忽略不计时，可以不考虑流体的压缩性，而把流体看成不可压缩流体。例如，通常情况下，液体的压缩性很小，小得可以忽略不计，而气体的压缩性较大，不能忽略，所以通常情况下，把液体看成是不可压缩流体，把气体看成是可压缩流体。工程实践中，需不需要考虑流体的压缩性，要视具体情况来确定。例如，在水击现象和水下爆炸时，压强变化很大，水的密度的变化不能忽略，因此必须考虑水的压缩性，把水当成可压缩流体来处理；在气体流速不高，马赫数小于 0.3 时，气体密度的变化很小，小得可以忽略，因此可以把气体视为不可压缩流体。

1.3 液体和气体的黏性系数随温度变化有何不同？为什么？

答 液体的黏性系数随着温度的升高而减小，气体的黏性系数随着温度的升高而增大。之所以会出现这种相反的变化，是因为构成它们黏性的机理不同。液

体分子间的吸引力是构成液体黏性的主要因素，当温度上升时，分子间的空隙增大，吸引力减小，所以液体的黏性系数随着温度的升高而减小。而对于气体来说，分子间的吸引力是微不足道的，构成气体黏性的主要因素是气体分子做无规则热运动时所进行的动量交换，温度越高，气体分子的无规则热运动越剧烈，交换的动量越多，气体的黏性越大，所以气体的黏性系数随着温度的升高而增大。

1.4　因为流体有黏性，所以静止流体一定受内摩擦应力作用，这种说法对吗？为什么？

答　不对。由牛顿内摩擦定律可知，流体所受内摩擦应力的大小与流体的黏性系数和速度梯度成正比关系。对于静止流体，虽然流体有黏性，黏性系数不等于零，但速度梯度为零，内摩擦应力为零，所以静止流体不受内摩擦应力作用。

1.5　作用在流体上的力有哪些？表面力和质量力有何不同？常见的质量力有哪些？

答　作用在流体上的力有两类：一类是表面力；另一类是质量力。表面力是作用在流体表面上的力，它是由与所研究流体相接触的其他流体或物体的作用而产生的，表面力是一种接触力。质量力是外界力场作用在流体体积内每一个流体质点上的力，它的大小与流体体积或流体质量成正比，质量力是一种非接触力。常见的质量力有重力和惯性力等。

1.4　习题解答

1-1　如图 1.6 所示，两平行板面之间充满了黏性流体，下板固定不动，上板以等速度 v_0 沿 x 方向移动，若流层之间的摩擦应力 τ 沿 y 方向为常数，且黏性系数 μ 也为常数，试证两平行板之间的流体速度沿 y 方向的分布为

$$v = \frac{v_0}{h} y$$

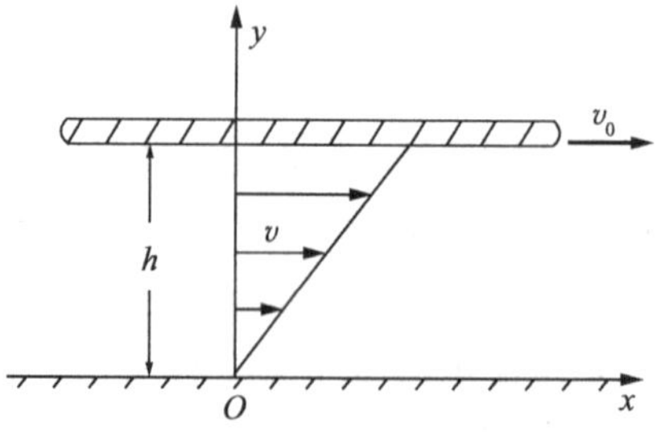

图 1.6　习题 1-1 图

证明　由牛顿内摩擦定律和题意得

$$\tau = \mu \frac{\mathrm{d}v}{\mathrm{d}y} = \text{常数}$$

因为 $$\mu = 常数$$

所以 $$\frac{dv}{dy} = 常数 = C_1$$

积分后得 $$v = C_1 y + C_2$$

代入边界条件 $y = 0$ 时，$v = 0$ ；$y = h$ 时，$v = v_0$ 。得

$$C_1 = \frac{v_0}{h}, \qquad C_2 = 0$$

故 $$v = \frac{v_0}{h} y$$

1-2　如图 1.7 所示，一块质量 m=1.96kg、底面面积 A=8cm×8cm 的正方形平板，在长斜面上匀速下滑，斜面上有厚度 δ=0.012cm 的油膜，如果正方形平板的下滑速度 v=60m/s，油膜内的速度分布成直线分布，求油的黏度。

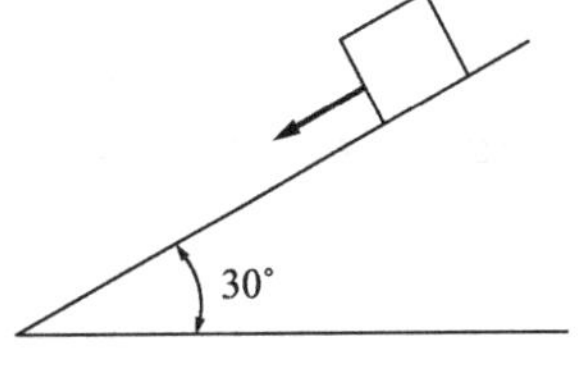

图 1.7　习题 1-2 图

解　根据力的平衡条件，平板所受重力沿斜面方向分量的大小应等于平板所受摩擦阻力的大小，因此

$$mg\sin 30^\circ = \tau A = \mu \frac{dv}{dy} A = \mu \frac{v}{\delta} A$$

$$\mu = \frac{mg\sin 30^\circ \delta}{vA} = \frac{1.96 \times 9.8 \times 0.5 \times 0.012 \times 10^{-2}}{60 \times 8 \times 8 \times 10^{-4}} = 0.003(\text{Pa} \cdot \text{s})$$

1-3　如图 1.8 所示，旋转轴的直径 d=5cm，长度 L=10cm，轴与轴承间的缝隙 δ=0.005cm，缝隙中充满了黏性系数 μ=0.035Pa · s 的润滑油。如果轴的转速 n=800r/min，求轴表面的摩擦阻力 F_f 和轴克服摩擦阻力所消耗的功率 N。

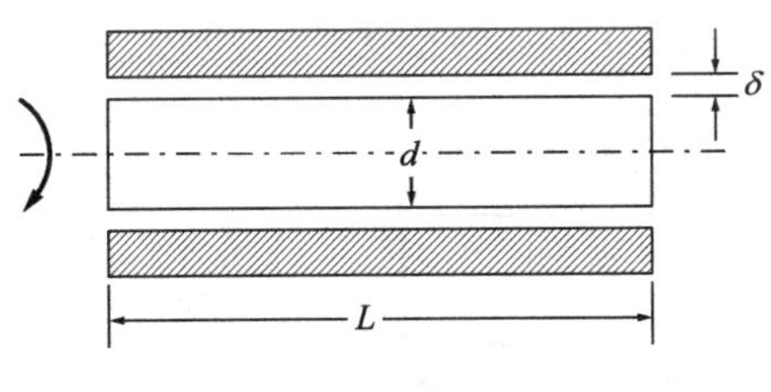

图 1.8　习题 1-3 图

解　因为轴与轴承间的缝隙 $\delta \ll d$ ，所以可以近似认为缝隙中的速度呈直线分布，于是轴表面的速度梯度为

$$\frac{dv}{dy} = \frac{r\omega - 0}{\delta} = \frac{d}{2} \frac{1}{\delta} \frac{2\pi n}{60} = \frac{\pi dn}{60\delta}$$

根据牛顿内摩擦定律，摩擦阻力为

$$F_f=\mu\frac{\mathrm{d}v}{\mathrm{d}y}A=\mu\frac{\pi dn}{60\delta}\pi dL=\frac{\mu\pi^2d^2nL}{60\delta}$$

$$=\frac{0.035\times\pi^2\times0.05^2\times800\times0.10}{60\times0.005\times10^{-2}}=23.03(\mathrm{N})$$

摩擦所消耗的功率为

$$N=F_fr\omega=F_f\frac{d}{2}\frac{2\pi n}{60}=F_f\frac{\pi dn}{60}=23.03\times\frac{\pi\times0.05\times800}{60}=48.23(\mathrm{W})$$

1-4　有黏性系数 $\mu=1.8\times10^{-3}\mathrm{Pa\cdot s}$ 的流体由两平行平壁间流过，平壁间的间距 $H=12\mathrm{mm}$，平壁法线方向流体速度分布为 $v=Cy(H-y)/H^2$，式中 C 为常数，y 为垂直于平壁方向的坐标。如果平壁间最大速度 $v_{\max}=6\mathrm{m/s}$，求最大速度在平壁间的位置和壁面上的切应力。

解　根据导数的性质，最大速度应位于速度梯度等于零处。令

$$\frac{\mathrm{d}v}{\mathrm{d}y}=\frac{CH-2Cy}{H^2}=0$$

得

$$y=\frac{H}{2}=\frac{12}{2}=6(\mathrm{mm})$$

因此最大速度位于两平壁间的中心平面处。将上述结果代入速度分布表达式，得

$$v_{\max}=\frac{C\times\frac{H}{2}\times\left(H-\frac{H}{2}\right)}{H^2}=\frac{C}{4}$$

解之，得

$$C=4v_{\max}$$

因为在流体黏性作用下壁面处的流体速度等于零，由题中流体速度分布可知，壁面处的坐标 $y=0$，所以壁面上的切应力

$$\tau\big|_{y=0}=\mu\frac{\mathrm{d}v}{\mathrm{d}y}\bigg|_{y=0}=\mu\frac{CH}{H^2}=\frac{\mu C}{H}=\frac{4\mu v_{\max}}{H}=\frac{4\times1.8\times10^{-3}\times6}{12\times10^{-3}}=3.6(\mathrm{Pa})$$

1-5　一铅直矩形闸门两侧均受静水压力的作用，如图 1.9 所示。已知 $l_1=4.5\mathrm{m}$，$l_2=2.5\mathrm{m}$，闸门垂直于纸面的宽度 $b=1.0\mathrm{m}$，求闸门上总压力 P 的大小及其作用点位置。

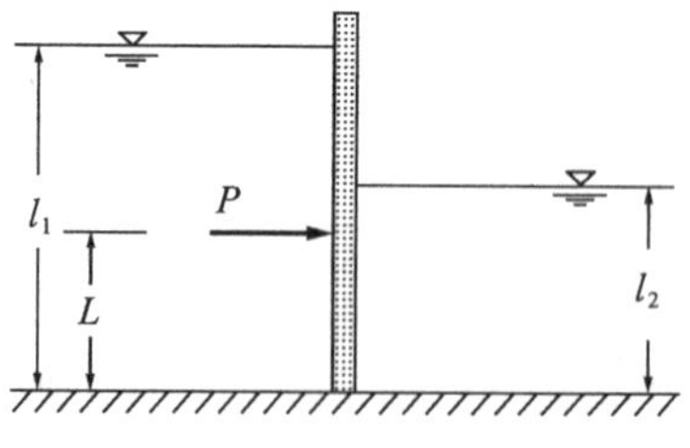

图 1.9　闸门环境示意图

解　由图知，闸门两侧均有大气压力的作用，且作用相互抵消了，所以计算中可以不考虑大气对闸门的作用，而只求解水对闸门的总压力。水对闸门的总压

力等于闸门两侧水压力之差，根据流体静力学基本方程，总压力

$$P=\int_0^{l_1}\rho gh\,\mathrm{d}A-\int_0^{l_2}\rho gh\,\mathrm{d}A=\int_0^{l_1}\rho gh\cdot b\mathrm{d}h-\int_0^{l_2}\rho gh\cdot b\mathrm{d}h$$

$$=\rho gb\left(\frac{l_1^2}{2}-\frac{l_2^2}{2}\right)=1000\times 9.81\times 1.0\times\frac{4.5^2-2.5^2}{2}=68670(\mathrm{N})$$

因为同一深度处，水的压强是均匀相等的，所以作用在闸门上的总压力的作用点应在闸门宽度一半的直线上，只要求出作用在闸门上的总压力距闸门下端的距离就行了。设作用在闸门上的总压力距闸门下端的距离为 L，根据合力矩定理对闸门下端取矩，得

$$PL=\int_0^{l_1}\rho ghb\mathrm{d}h\cdot(l_1-h)-\int_0^{l_2}\rho ghb\mathrm{d}h\cdot(l_2-h)$$

$$=\rho gb\left(\frac{l_1^3}{2}-\frac{l_1^3}{3}\right)-\rho gb\left(\frac{l_2^3}{2}-\frac{l_2^3}{3}\right)=\rho gb\,\frac{l_1^3-l_2^3}{6}$$

$$L=\frac{\rho gb(l_1^3-l_2^3)}{6P}=\frac{1000\times 9.81\times 1.0\times(4.5^3-2.5^3)}{6\times 68670}=1.80(\mathrm{m})$$

第 2 章　流体运动的基本概念和基本方程

2.1　内 容 提 要

本章先介绍了描述流体运动的两种方法，流体运动的分类，迹线、流线、系统、控制体等概念和雷诺输运定理，然后利用雷诺输运定理导出了适用于控制体的连续方程、动量方程、动量矩方程、伯努利方程、能量方程等控制流体运动的基本方程，其中重要的基本概念、基本理论和基本方程如下。

1. 基本概念

1）描述流体运动的方法

描述流体运动的方法有两种，一种是拉格朗日法，另一种是欧拉法。这两种描述方法的本质区别在于拉格朗日法的研究对象是流体微团，而欧拉法的研究对象是流场中的空间点。

2）定常流动

全部流动参数都不随时间而改变的流动称为定常流动。

3）非定常流动

流动参数全部或部分随时间变化的流动称为非定常流动，也称不定常流动。

4）一维流动

流动参数仅随一个空间坐标变化的流动称为一维流动。

5）二维流动

流动参数随两个空间坐标变化的流动称为二维流动或平面流动。

6）三维流动

流动参数随三个空间坐标变化的流动称为三维流动。

7）一维定常流动

全部流动参数都与时间无关，且仅随一个空间坐标变化的流动称为一维定常流动。

8）迹线

流体微团的运动轨迹线称为迹线。

9）流线

流线是流场中的这样一条曲线，在给定瞬时 t ，该曲线上每一点的速度矢量都在该点与曲线相切。

10）流管

t 时刻，在流场中任取一条非流线的封闭曲线 C，过 C 上每一点作流线，这些流线所构成的管状表面就称为流管。

11）流面

t 时刻，在流场中任取一条非流线的不封闭或封闭曲线 C，过 C 上每一点作流线，这些流线所构成的曲面就称为流面。

12）体系

所谓体系，是指由确定的物质组成的集合。体系以外的物质称为环境。体系最大的特点是体系的质量不随时间而改变的，所以体系也称为控制质量。

13）控制体

所谓控制体，是指流场上相对于某一坐标系固定不变的空间体积。控制体最大的特点是控制体相对于给定坐标系是固定不变的，它的形状、大小和位置都不随时间而改变。控制体的边界称为控制面。

2. 基本理论和基本方程

1）质点加速度

用欧拉法描述流体运动时

$$\boldsymbol{a}=\frac{\mathrm{D}\boldsymbol{v}}{\mathrm{D}t}=\frac{\partial \boldsymbol{v}}{\partial t}+(\boldsymbol{v}\cdot\nabla)\boldsymbol{v}$$

式中，$\boldsymbol{a}$ 是质点加速度；$\mathrm{D}/\mathrm{D}t$ 是质点导数或随体导数；$\partial\boldsymbol{v}/\partial t$ 是当地加速度；$(\boldsymbol{v}\cdot\nabla)\boldsymbol{v}$ 是迁移加速度。

2）流线的微分方程

$$\frac{\mathrm{d}x}{v_x}=\frac{\mathrm{d}y}{v_y}=\frac{\mathrm{d}z}{v_z}$$

3）连续方程

连续方程是把质量守恒定律应用于运动流体而得到的数学关系式。

(1) 适用于所有流动的积分形式的连续方程

$$\iiint_V \frac{\partial\rho}{\partial t}\mathrm{d}V+\iint_A \rho(\boldsymbol{v}\cdot\boldsymbol{n})\mathrm{d}A=0$$

式中，方程左端第一项是控制体内流体质量随时间的变化率；第二项是控制体面上流体质量的净流出速率。此方程的物理意义是：控制体内流体质量随时间的变化率与控制体面上流体质量的净流出速率的和等于零。

(2) 适用于所有流动的微分形式的连续方程

$$\frac{\partial\rho}{\partial t}+\nabla\cdot(\rho\boldsymbol{v})=0$$

(3) 定常不可压缩流动的微分形式的连续方程

$$\frac{\partial v_x}{\partial x}+\frac{\partial v_y}{\partial y}+\frac{\partial v_z}{\partial z}=0$$

(4) 一维定常流动的积分形式的连续方程

$$\dot{m}_{入} = \dot{m}_{出}$$

$$\dot{m} = \rho A v$$

式中，$\dot{m}$ 是单位时间内通过有效截面 A 的流体质量，称为质量流量。此连续方程表明：单位时间内流入控制体的流体质量等于同一时间内流出控制体的流体质量。

(5) 一维定常流动的微分形式的连续方程

$$\frac{\mathrm{d}\rho}{\rho} + \frac{\mathrm{d}A}{A} + \frac{\mathrm{d}v}{v} = 0$$

此方程表明，一维定常流动中，流体密度的相对变化量与流道截面面积的相对变化量及流体速度相对变化量的和等于零。

4) 动量方程

动量方程是把牛顿第二运动定律应用于运动流体而得到的数学关系式。

(1) 适用于所有流动的积分形式的动量方程

$$\sum \boldsymbol{F} = \iiint_V \frac{\partial(\rho \boldsymbol{v})}{\partial t} \mathrm{d}V + \iint_A \rho \boldsymbol{v}(\boldsymbol{v} \cdot \boldsymbol{n}) \mathrm{d}A$$

式中，方程左端是 t 时刻作用在控制体内流体上的所有外力的合力；方程右端第一项是 t 时刻控制体内流体的动量随时间的变化率，第二项是 t 时刻控制面上流体动量的净流出速率。此方程的物理意义是：t 时刻作用在控制体上所有外力的合力等于该时刻控制体内流体动量随时间的变化速率与控制面上流体动量的净流出速率的和。

(2) 适用于所有流动的微分形式的动量方程

$$\rho \frac{\mathrm{D}\boldsymbol{v}}{\mathrm{D}t} = \rho \boldsymbol{f}_B - \nabla p + \frac{\mu}{3} \nabla(\nabla \cdot \boldsymbol{v}) + \mu \Delta \boldsymbol{v}$$

称为 Navier-Stokes 方程，简称 N-S 方程。

(3) 一维定常流动的积分形式的动量方程

$$\sum \boldsymbol{F} = \dot{m}_{出} \boldsymbol{v}_{出} - \dot{m}_{入} \boldsymbol{v}_{入}$$

式中，$\sum \boldsymbol{F}$ 是作用在控制体上所有外力的合力；$\dot{m}_{出} \boldsymbol{v}_{出}$ 是单位时间内流出控制体的流体动量；$\dot{m}_{入} \boldsymbol{v}_{入}$ 是单位时间内流入控制体的流体动量。此方程的物理意义是：一维定常流动中，作用在控制体上所有外力的合力等于单位时间内流出与流入控制体的流体动量的差。

(4) 一维定常流动的微分形式的动量方程

$$-A\mathrm{d}p - \mathrm{d}F_f - \rho A g \, \mathrm{d}z = \dot{m} \mathrm{d}v$$

此方程表明，作用在微元控制体上的压力、摩擦力和重力的和等于单位时间内流出与流入该控制体的流体动量的差。

(5) 无黏性气体一维定常流动的微分形式的动量方程

$$\mathrm{d}p + \rho v\,\mathrm{d}v = 0$$

此方程表明：气体压强增大的地方流速必然减小，反之气流压强减小的地方流速必然增大。

5）动量矩方程

动量矩方程是把动量矩定理应用于运动流体而得到的数学关系式。对于动量矩方程，不要记方程，只要知道该方程的物理意义，按物理意义用就可以了。

（1）适用于所有流动的动量矩方程的物理意义

t 时刻作用在控制体上所有外力对某一固定轴的力矩之和等于该时刻控制体内流体动量对同一轴的动量矩随时间的变化率与控制面上净流出的流体动量对同一轴的动量矩之和。

（2）一维定常流动的动量矩方程的物理意义

作用在控制体上所有外力对某一轴的力矩之和等于单位时间内流出与流入该控制体的流体对同一轴的动量矩之差。

6）伯努利方程

伯努利方程实质上是反映机械能守恒的能量方程。对于该方程，需要特别注意的是使用条件。

（1）通用的微分形式的伯努利方程

$$\frac{\mathrm{d}p}{\rho} + g\mathrm{d}z + v\mathrm{d}v + \delta w_f = 0$$

对于多维流动，该方程的使用条件是定常、质量力只有重力和沿流线。对于一维流动，该方程的使用条件是定常和质量力只有重力。

（2）通用的积分形式的伯努利方程

$$\int_1^2 \frac{\mathrm{d}p}{\rho} + g(z_2 - z_1) + \frac{1}{2}(v_2^2 - v_1^2) + w_f = 0$$

对于多维流动，式中的 1 点和 2 点是同一条流线上的任意两点。对于一维定常流动，式中带下标 2 的参数是控制体出口截面上的流体参数，带下标 1 的参数是控制体入口截面上的流体参数，z 坐标是截面中心点的高度坐标。

（3）定常不可压缩流动的伯努利方程

$$\frac{p_1}{\rho} + gz_1 + \frac{v_1^2}{2} = \frac{p_2}{\rho} + gz_2 + \frac{v_2^2}{2} + w_f$$

式中，p/ρ 是单位质量流体所具有的压强势能；gz 是单位质量流体所具有的重力势能；$v^2/2$ 是单位质量流体所具有的动能；w_f 是单位质量流体从 1 点流到 2 点由于黏性摩擦所消耗的机械功，也称摩擦功。

（4）定常不可压缩无黏流动的伯努利方程

$$z + \frac{p}{\rho g} + \frac{v^2}{2g} = 常数$$

这是工程实践中用得非常多的一个方程。对于一维流动，该方程的使用条件是定常、无黏、不可压缩和质量力只有重力。对于多维流动，该方程的使用条件是沿流线、定常、无黏、不可压缩和质量力为重力。

（5）定常不可压缩无黏气体流动的伯努利方程

$$p+\frac{1}{2}\rho v^2=\text{常数}$$

7）能量方程

能量方程是把能量守恒定律应用于运动流体而得到的数学关系式。

（1）适用于所有流动的一般形式的能量方程

$$\dot{Q}=\iiint_V \frac{\partial}{\partial t}\left[\rho\left(gz+\frac{1}{2}v^2+u\right)\right]\mathrm{d}V+\iint_A\left(gz+\frac{1}{2}v^2+h\right)(\rho\boldsymbol{v}\cdot\boldsymbol{n})\mathrm{d}A+\dot{W}_{\text{轴}}+\dot{W}_{\text{黏性}}$$

式中，方程左端是 t 时刻外界对控制体的传热速率；方程右端第一项是该时刻控制体内流体的重力势能、动能、内能的和随时间的变化率，第二项是该时刻控制面上净流出的流体的重力势能、动能、焓的和，第三项是该时刻流过控制体的流体通过叶轮机转轴对外界做的机械功率，第四项是该时刻流过控制体的流体克服黏性力而消耗的功率。

（2）一维定常流动的热焓形式的能量方程

$$\dot{Q}=\dot{m}_{\text{出}}\left(gz_{\text{出}}+\frac{1}{2}v_{\text{出}}^2+h_{\text{出}}\right)-\dot{m}_{\text{入}}\left(gz_{\text{入}}+\frac{1}{2}v_{\text{入}}^2+h_{\text{入}}\right)+\dot{W}_{\text{轴}}$$

此方程的物理意义是：单位时间内外界传入控制体的热量等于单位时间内流出与流入控制体的流体的重力势能、动能以及焓的差值加上单位时间内流过控制体的流体通过叶轮机的转轴对外界做的机械功。该方程的使用时要求所取控制体的侧表面与管道或机匣的静止壁面重合。

（3）一维定常绝能定比热完全气体流动的温度形式的能量方程

$$c_pT_1+\frac{v_1^2}{2}=c_pT_2+\frac{v_2^2}{2}$$

3. 常用公式

1）流线的微分方程

$$\frac{\mathrm{d}x}{v_x}=\frac{\mathrm{d}y}{v_y}=\frac{\mathrm{d}z}{v_z}$$

2）一维定常流动的连续方程

$$\dot{m}_{\text{入}}=\dot{m}_{\text{出}}$$

3）流量计算公式

$$\dot{m}=\rho Av$$

4）一维定常流动的动量方程

$$\sum\boldsymbol{F}=\dot{m}_{\text{出}}\boldsymbol{v}_{\text{出}}-\dot{m}_{\text{入}}\boldsymbol{v}_{\text{入}}$$

5）定常无黏不可压缩气体流动的伯努利方程

$$p+\frac{1}{2}\rho v^2=常数$$

6）一维定常流动的能量方程

$$\dot{Q}=\dot{m}_{出}\left(gz_{出}+\frac{1}{2}v_{出}^2+h_{出}\right)-\dot{m}_{入}\left(gz_{入}+\frac{1}{2}v_{入}^2+h_{入}\right)+\dot{W}_{轴}$$

4. 常见问题

（1）在动量方程的使用中不能正确地进行受力分析，主要表现在有的力没有分析到，以及控制体出口截面上的压力方向分析错了，分析成与速度同方向了。解决这些问题的关键在于受力分析时要按照力的分类进行，可以先分析质量力，再分析表面力。质量力中重力总是有的。而表面力是作用在控制体各个表面上的力，所以只要控制体的各个表面都分析到了，表面力也就分析全了。至于压力的分析，一定是要记住压力的方向永远是垂直指向作用面的，所以控制体出口截面上的压力方向一定与速度方向相反。

（2）在动量方程的使用中不能正确地进行力的投影，经常出现符号错误。解决这一问题的办法是先进行力的分解，将力沿各坐标方向分解，然后再进行投影，沿坐标轴正方向的力投影为正，沿坐标轴负方向的力投影为负。

（3）对基本方程的主要用途认识不足，从而造成了具体使用中的茫然和无从下手。简单地说，求解速度时首先应该想到使用连续方程，求解力时首先应该想到使用动量方程，求解力的作用点时首先应该想到使用动量矩方程，求解压强时首先应该想到使用伯努利方程，求解温度时首先应该想到使用能量方程。

2.2　典型题目解析

例 2.1　已知速度场的速度分量分别为 $v_x=-x-t$，$v_y=y+t$，$v_z=0$，求流线方程及 $t=0$ 时过点（1,1）的流线。

分析　求流线应根据流线微分方程进行。因为速度分量 v_x 和 v_y 的表达式中没有坐标 z，而 $v_z=0$，所以这是一个二维流动，应该使用二维流线微分方程求解。

解　由二维流线微分方程得

$$\frac{\mathrm{d}x}{-x-t}=\frac{\mathrm{d}y}{y+t}$$

因为流线是对某一时刻 t 来说的，所以积分上式时，t 是一个常数。积分后得

$$-\ln(x+t)=\ln(y+t)+\ln C$$

或

$$(x+t)(y+t)=C$$

这就是所求流线方程，显然这是一个双曲线方程。

下面求 $t=0$ 时，过点（1,1）的流线。将 $t=0$，$x=1$，$y=1$ 代入上式，得

$$C=1$$

故 $t=0$ 时，过点（1,1）的流线方程是

$$xy=1$$

因为点（1,1）处速度分量 v_x 的值都是负的，而 v_y 值是正的，所以该流线的方向如图 2.1 所示。

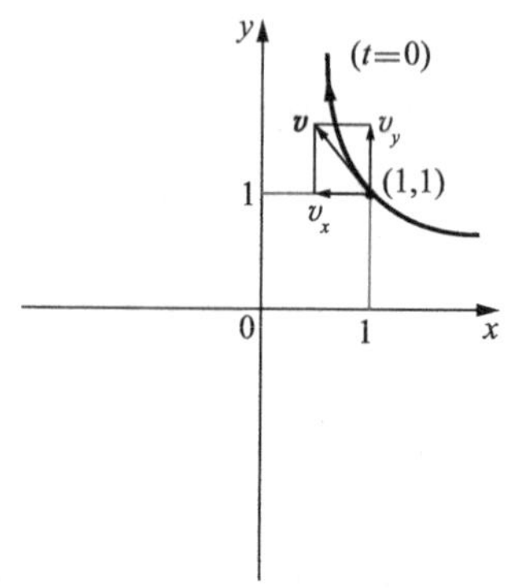

图 2.1　$t=0$ 时，过（1,1）点的流线

【提示】 用流线微分方程求解非定常流动的流线时，必须注意流线是对某一时刻 t 来说的，所以积分流线微分方程时 t 是一个常数。

例 2.2 已知不可压缩流体的速度分布为 $v_x=x+2yz$，$v_y=y+2xz$，$v_z=z+2xy$，问该流动是否存在？

分析 实际流动都满足质量守恒、能量守恒等自然界的基本物理定律，因此只要能够证明该流动破坏了某一基本物理定律，就说明该流动是不存在的。但是反过来，如果证明了该流动满足某一基本物理定律，并不能说明该流动是存在的，还需证明该流动同时也满足剩下的所有基本物理定律才能说明该流动是存在的，因此证明不存在比证明存在容易，应该先从证明不存在入手。

解 由不可压流微分形式的连续方程知

$$\frac{\partial v_x}{\partial x}+\frac{\partial v_y}{\partial y}+\frac{\partial v_z}{\partial z}=0$$

代入速度分量表达式，得

$$\frac{\partial v_x}{\partial x}+\frac{\partial v_y}{\partial y}+\frac{\partial v_z}{\partial z}=1+1+1=3\neq 0$$

所以该流动不存在。

【提示】 由上述结果可以看到，流场中的速度分量不能任意取，它们必须满足连续方程，即质量守恒定律。

例 2.3 某发动机在海平面的空气流量为 45kg/s，如果不同高度处容积流量相等，求 10000m 高空处该发动机的空气流量。

分析　流量有质量流量和容积流量两种，根据容积流量相等的条件及质量流量和容积流量的关系，可以导出质量流量与空气密度的关系，再利用标准大气表查出所需空气密度就可算出最终结果。

解　因为 $\dot{m}=\rho Q$ ，而 $Q=$ 常数，所以

$$Q=\frac{\dot{m}_0}{\rho_0}=\frac{\dot{m}_{1000}}{\rho_{1000}}$$

由标准大气表查得：海平面上空气的密度 $\rho_0=1.225\text{kg/m}^3$，10000m 高空处空气的密度 $\rho_{10000}=0.4135\text{kg/m}^3$，故 10000m 高空处发动机的空气流量

$$\dot{m}_{1000}=\frac{\rho_{1000}}{\rho_0}\dot{m}_0=\frac{0.4135}{1.225}\times 45=15.2(\text{kg/s})$$

【提示】　因为空气的密度随高度的升高而减小，而容积流量不变，所以发动机的空气流量随高度的升高而减小，据此可以判断结果的正确与否。

例 2.4　推导火箭发动机的推力计算公式。已知燃气相对发动机以速度 v_e 从喷管排出，喷管出口截面面积为 A_e ，喷管出口截面处的气体压强为 p_e ，质量流量为 $\dot{m}_e$ ，外界大气压强为 p_a，质量力的作用可以忽略不计。如图 2.2 所示。

分析　推力是作用在发动机内壁和外壁上的气体压力的合力。如果用 $\boldsymbol{F}$ 表示推力，用 $\boldsymbol{F}_{内}$ 表示作用在发动机内壁上的气体压力，用 $\boldsymbol{F}_{外}$ 表示作用在发动机外壁上的气体压力，则 $\boldsymbol{F}=\boldsymbol{F}_{内}+\boldsymbol{F}_{外}$，因此需先求出作用在发动机内壁和外壁上的气体压力，然后再求和。

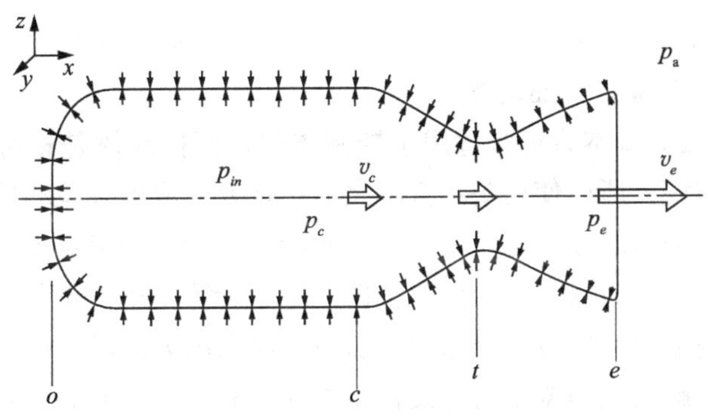

图 2.2　例 2.4 图

解　取与发动机以同样速度运动的相对坐标系，其中 x 轴的正向与流速 $\boldsymbol{v}_e$ 同向。取发动机内壁和出口截面所包围的空间体积为控制体。

对所取控制体沿 x 方向、y 方向和 z 方向施用动量方程，得

$$F_{ix}-p_eA_e=\dot{m}_e v_e$$
$$F_{iy}=0$$
$$F_{iz}=0$$

式中，$\boldsymbol{F}_i$ 是发动机内壁对控制体内燃气的作用力。解之，得

$$F_{ix} = \dot{m}_e v_e + p_e A_e$$
$$F_{iy} = 0$$
$$F_{iz} = 0$$

上述结果说明发动机内壁对控制体内燃气的作用力沿 x 方向或发动机的轴线方向，即

$$F_i = F_{ix} = \dot{m}_e v_e + p_e A_e$$

根据牛顿第三运动定律

$$\boldsymbol{F}_{内} = -\boldsymbol{F}_i$$

所以
$$F_{内} = F_{内x} = -F_{ix} = -(\dot{m}_e v_e + p_e A_e)$$

令 A 表示发动机外表面的面积，则作用在发动机外表面上的大气压力

$$\boldsymbol{F}_{外} = \boldsymbol{p}_a \boldsymbol{A} = \boldsymbol{p}_a \boldsymbol{A} + \boldsymbol{p}_a A_e - \boldsymbol{p}_a \boldsymbol{A}_e$$

根据普通物理的知识，均匀作用在一个封闭体上的力的合力等于零，所以

$$\boldsymbol{p}_a \boldsymbol{A} + \boldsymbol{p}_a \boldsymbol{A}_e = 0$$
$$\boldsymbol{F}_{外} = -\boldsymbol{p}_a \boldsymbol{A}_e$$
$$F_{外x} = p_a A_e$$
$$F_{外y} = F_{外z} = 0$$

故
$$F_{外} = F_{外x} = p_a A_e$$

即作用在发动机外表面上的大气压力也沿发动机的轴线方向。

因为发动机的推力
$$\boldsymbol{F} = \boldsymbol{F}_{内} + \boldsymbol{F}_{外}$$

所以
$$F = F_x = F_{内x} + F_{外x} = -[\dot{m}_e v_e + (p_e - p_a) A_e]$$

负号表示推力的方向沿 x 轴负方向。

【提示】 因为基本方程是适用于控制体的，而控制体是相对给定坐标系固定不变的空间体积，所以使用基本方程之前一定要先取坐标系和控制体。此外在进行力和速度等矢量的投影时，一定要按照所取坐标系来确定投影值的正负，因为只有这样在求力的时候，未知力的方向才能由计算结果的正负确定，结果为正时，该力的方向沿坐标轴方向，结果为负时，该力的方向沿坐标轴反方向。同时也只有这样，求解管道内壁受力等反作用力问题时才方便，利用牛顿第三运动定律求解，求出结果的正负才能直接反映所求反作用力的方向，结果为正时，所求反作用力的方向沿坐标轴方向，结果为负时，所求反作用力的方向沿坐标轴反方向。

例 2.5 如图 2.3 所示，水以压强 $p_1 = 14.80 \times 10^5 \mathrm{Pa}$ 和速度 $v_1 = 6.096 \mathrm{m/s}$ 流入一弯曲成 90° 的收缩形管道，管道进口直径 $d_1 = 0.3048 \mathrm{m}$，出口直径 $d_2 = 0.1524 \mathrm{m}$，管道出口截面上水的压强 $p_2 = 12.05 \times 10^5 \mathrm{Pa}$，管道周围的大气压强 $p_a = 1.013 \times 10^5 \mathrm{Pa}$，水的密度 $\rho = 999.55 \mathrm{kg/m^3}$。如果忽略水流本身的重量，求：(1) 管道出口截面处水流的速度 v_2；(2) 水流对弯管的作用力 $F_{内x}$ 和 $F_{内y}$；

(3) 作用在弯管上的力 F_x 和 F_y 。

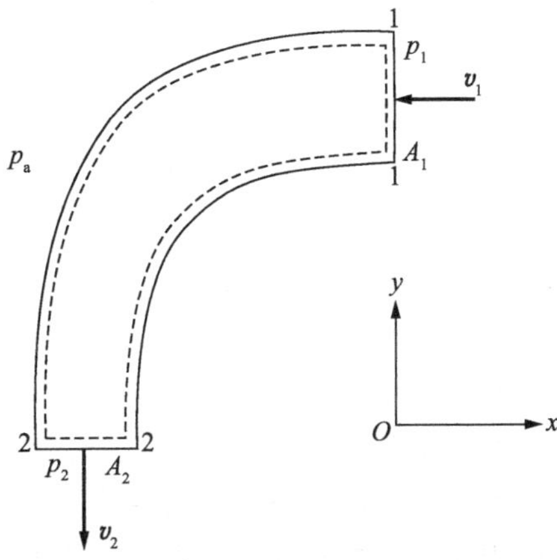

图 2.3　例 2.5 图

解　(1)
$$A_1 = \frac{\pi d_1^2}{4} = \frac{\pi \times 0.3048^2}{4} = 0.07297(\mathrm{m}^2)$$
$$A_2 = \frac{\pi d_2^2}{4} = \frac{\pi \times 0.1524^2}{4} = 0.01824(\mathrm{m}^2)$$

取弯管进出口截面和内壁所包围的空间体积为控制体。对所取控制体施用连续方程，得

$$\dot{m} = \rho A_1 v_1 = \rho A_2 v_2$$

所以
$$\dot{m} = \rho A_1 v_1 = 999.55 \times 0.07297 \times 6.096 = 444.62(\mathrm{kg/s})$$
$$v_2 = \frac{A_1}{A_2} v_1 = \frac{6.096 \times 0.07297}{0.01824} = 24.387(\mathrm{m/s})$$

(2) 对所取控制体沿 x 方向和 y 方向施用动量方程，得

$$F_{ix} - p_1 A_1 = \dot{m}[0 - (-v_1)]$$
$$F_{iy} + p_2 A_2 = \dot{m}[-v_2 - 0]$$

式中，$\boldsymbol{F}_i$ 是弯管对水的作用力。解之，得

$$F_{ix} = p_1 A_1 + \dot{m} v_1 = 14.80 \times 10^5 \times 0.07297 + 444.62 \times 6.096 = 110706(\mathrm{N})$$
$$F_{iy} = - p_2 A_2 - \dot{m} v_2 = - 12.05 \times 10^5 \times 0.01824 - 444.62 \times 24.387 = - 32822(\mathrm{N})$$

根据牛顿第三运动定律，水对弯管的作用力

$$\boldsymbol{F}_{内} = - \boldsymbol{F}_i$$

所以
$$F_{内x} = - F_{ix} = - 110706(\mathrm{N})$$
$$F_{内y} = - F_{iy} = 32822(\mathrm{N})$$

(3) 令 A 表示弯管外表面的面积，则作用在弯管外表面上的大气压力

$$\boldsymbol{F}_{外} = \boldsymbol{p}_a \boldsymbol{A} = \boldsymbol{p}_a \boldsymbol{A} + \boldsymbol{p}_a \boldsymbol{A}_1 + \boldsymbol{p}_a \boldsymbol{A}_2 - \boldsymbol{p}_a \boldsymbol{A}_1 - \boldsymbol{p}_a \boldsymbol{A}_2$$

因为均匀作用在一个封闭表面上的力的合力等于零，所以

$$\boldsymbol{p}_a\boldsymbol{A} + \boldsymbol{p}_a\boldsymbol{A}_1 + \boldsymbol{p}_a\boldsymbol{A}_2 = 0$$

$$\boldsymbol{F}_{外} = -\boldsymbol{p}_a\boldsymbol{A}_1 - \boldsymbol{p}_a\boldsymbol{A}_2$$

$$F_{外x} = p_a A_1$$

$$F_{外y} = -p_a A_2$$

作用在弯管上的力等于作用在弯管内壁和外壁上的力的合力，即

$$\boldsymbol{F} = \boldsymbol{F}_{内} + \boldsymbol{F}_{外}$$

所以 $F_x = F_{内x} + F_{外x} = -110706 + 1.013 \times 10^5 \times 0.0729 = -103321(\mathrm{N})$

$F_y = F_{内y} + F_{外y} = 32822 - 1.013 \times 10^5 \times 0.01824 = 30974(\mathrm{N})$

负号说明 F_x 的方向沿 x 轴负方向。

【提示】 控制流体流动的基本方程有连续方程、动量方程、动量矩方程、伯努利方程和能量方程等五个方程，要想灵活运用这些基本方程求解具体问题必须先知道各个方程的主要用途。从本例题可以看到连续方程的主要用途是求解速度，伯努利方程的主要用途是求解压强，动量方程的主要用途是求解力。

2.3 思考题解答

2.1 拉格朗日法与欧拉法的主要区别是什么？气体动力学中为何大多采用欧拉法描述流体运动？

答 拉格朗日法的研究对象是流体质点，追踪流体中指定的流体质点，记下它的位置、速度、加速度、压强、密度等参数随时间的变化，然后汇集流体中所有流体质点的数据就得到了整个流体运动的情况。利用拉格朗日法，可以得到流体质点的速度、压强、密度等参数随时间的变化情况。

欧拉法研究对象是流场中的空间点。考察选定的空间点，记下各个时刻流过该点的流体质点的速度、加速度、压强、密度等物理量，然后汇集所有空间点上的数据，就得到了整个流体运动的情况。用欧拉法描述流体运动时，得到的压强、密度、温度、速度等物理参数是空间坐标和时间的函数。

因为流体中的流体质点有无穷多个，用拉格朗日法描述流体运动时不同的流体质点有不同的方程，方程的总数有无穷多个，这就使得求解非常困难，而用欧拉法描述流体运动时避免了这个问题，所以气体动力学中大多采用欧拉法描述流体运动。

2.2 因为定常流动是流动参数不随时间而变化的流动，所以温度不随时间而变化的流动一定是定常流动。这种说法对吗？为什么？

答 不对，因为定常流动是全部流动参数都不随时间而变化的流动，温度不随时间而变化并不代表其他流动参数也不随时间而变化，所以不能肯定该流动一定是定常流动。

2.3 因为非定常流动是流动参数随时间而变化的流动，所以速度随时间而

变化的流动一定是非定常流动。这种说法对吗？为什么？

答 对的，因为流动参数全部或部分随时间而变化的流动称为非定常流动，所以只要有一个流动参数随时间而变化，该流动就一定是非定常流动，故速度随时间而变化的流动一定是非定常流动。

2.4 流线与迹线有何不同？什么条件下流线与迹线可以重合？同一流场中，同一时刻不同流体质点组成的曲线是否都是流线？为什么？

答 迹线是指流体质点的运动轨迹。流线是流场中的这样一条曲线，在给定瞬时 t，该曲线上每一点的速度矢量都在该点与曲线相切。定常流动中，迹线与流线重合。同一流场中，同一时刻不同流体质点组成的曲线并不都是流线，因为曲线上任一点处的速度向量并不一定都与该点处的切线重合，不重合就不是流线。

2.5 何为系统和控制体？它们的主要区别有哪些？

答 系统是指某些确定的物质集合。系统随流体一起运动，在系统的边界上可以有力的作用和能量交换，但没有质量交换。系统最大的特点就是系统的质量不随时间而改变。

控制体是指流场上相对某一坐标系固定不变的空间体积。控制体的最大特点是控制体相对给定坐标系是固定不变的，它的形状、大小和位置都不随时间而改变。流体可以流进和流出控制体，占据控制体的流体随时间而改变。

2.6 何为一维定常流动？一维定常流动的特点是什么？

答 全部流动参数都与时间无关，且仅随一个空间坐标而变化的流动称为一维定常流动。一维定常流动的特点是：流道中垂直于流动方向的任一截面上的流动参数都是均匀分布且不随时间而改变。

2.7 在收缩形管道中，沿着流动方向一维定常流动的速度和密度能否同时减小？为什么？

答 速度和密度不能同时减小。因为对于收缩形管道，$\mathrm{d}A<0$，如果沿着流动方向速度和密度同时减小，则 $\mathrm{d}v<0$，$\mathrm{d}\rho<0$，而由一维定常流动的微分形式的连续方程知，

$$\frac{\mathrm{d}\rho}{\rho}+\frac{\mathrm{d}A}{A}+\frac{\mathrm{d}v}{v}=0$$

流体的密度、速度和管道截面面积不能同时增大或减小，否则质量守恒定律就受到了破坏，所以在收缩形管道中，沿着流动方向一维定常流动的速度和密度不能同时减小。

2.8 说明方程

$$\sum \boldsymbol{F}=\iiint_V \frac{\partial(\rho \boldsymbol{v})}{\partial t}\mathrm{d}V+\iint_A \rho \boldsymbol{v}(\boldsymbol{v}\cdot\boldsymbol{n})\mathrm{d}A$$

是什么方程？是根据什么基本物理定律导出的方程？方程中各项的物理意义是什

么？方程的物理意义是什么？

答 该方程是根据牛顿第二运动定律导出的适用于所有流动的积分形式的动量方程。方程左端是 t 时刻作用在控制体内流体上的所有外力的合力；方程右端的第一项是 t 时刻控制体内流体的动量随时间的变化率，也称为控制体内流体动量的积累速率；第二项是 t 时刻控制面上流体动量的净流出速率。该方程的物理意义是：t 时刻作用在控制体内流体上的所有外力的合力等于该时刻控制体内流体动量的积累速率与控制面上流体动量的净流出速率的和。

2.9 说明方程

$$p+\frac{1}{2}\rho v^2=\text{常数}$$

是一维定常流动的什么方程？该方程能否用于可压缩流动？为什么？

答 该方程是一维定常流动的伯努利方程，不能用于可压缩流动，因为该方程的推导过程中使用了不可压缩、密度不变的条件。

2.10 试用流体运动的基本方程解释两三例身边的气体动力力学现象？

答 坐过火车的人都知道，火车站站台上刷有黄色的安全线，火车进站时乘客必须站在安全线的外面，否则会有被吸入车底的危险。为什么会有这种危险呢？利用伯努利方程可以给出很好的解释。由伯努利方程知，气流压强和气流速度有下列关系

$$p+\frac{1}{2}\rho v^2=\text{常数}$$

显然，气流速度高的地方压强低，气流速底低的地方压强高。火车进站时，火车车底的气流速度显著高于外面的气体速度，因此火车车底的气流压强显著低于外面的气体压强，结果就形成了指向车底的吸力，所以火车进站时乘客必须站在安全线的外面，否则会有被吸入车底的危险。

春节的时候小孩常常会玩一种叫做地老鼠的爆竹。很好玩，点燃地老鼠，可以看到，随着地老鼠尾部一股气流的喷出，地老鼠就窜出去了。为什么地老鼠能窜出去呢？利用动量方程可以给出很好的解释。取地老鼠窜出方向为坐标轴正方向，对地老鼠施用动量方程得

$$F=\dot{m}\ (-v_2)\ =-\dot{m}v_2$$

式中，$\dot{m}$ 是地老鼠尾部喷出气流的质量流量；v_2 是地老鼠尾部喷出气流的速度；F 是地老鼠受到的力。显然，地老鼠受到的力与其尾部喷出气流的动量大小相等、方向相反，所以一旦地老鼠尾部有气流喷出，地老鼠就窜出去了。

2.4 习题解答

2-1 已知流场的速度分布为 $v_x=\mathrm{e}^{xt}$，$v_y=\mathrm{e}^{yt}$，$v_z=\mathrm{e}^{zt}$，求 $t=2$ 时点(1,2,1)处流体微团的加速度。

解 由加速度的计算公式得

$$a_x = \frac{\partial v_x}{\partial t} + v_x \frac{\partial v_x}{\partial x} + v_y \frac{\partial v_x}{\partial t} + v_z \frac{\partial v_x}{\partial t}$$

$$= e^{xt}x + e^{xt} \times e^{xt}t + e^{yt} \times 0 + e^{zt} \times 0 = e^{xt}x + e^{2xt}t$$

$$a_y = \frac{\partial v_y}{\partial t} + v_x \frac{\partial v_y}{\partial x} + v_y \frac{\partial v_y}{\partial t} + v_z \frac{\partial v_y}{\partial t}$$

$$= e^{yt}y + e^{xt} \times 0 + e^{yt} \times e^{yt}t + e^{zt} \times 0 = e^{yt}y + e^{2yt}t$$

$$a_z = \frac{\partial v_z}{\partial t} + v_x \frac{\partial v_z}{\partial x} + v_y \frac{\partial v_z}{\partial t} + v_z \frac{\partial v_z}{\partial t}$$

$$= e^{zt}z + e^{xt} \times 0 + e^{yt} \times 0 + e^{zt} \times e^{zt}t = e^{zt}z + e^{2zt}t$$

代入 $t = 2$，$x = 1$，$y = 2$，$z = 1$，得

$$a_x = e^{xt}x + e^{2xt}t = e^2 + 2e^4 = e^2(1 + 2e^2)$$

$$a_y = e^{yt}y + e^{2yt}t = 2e^4 + 2e^8 = 2e^4(1 + e^4)$$

$$a_z = e^{zt}z + e^{2zt}t = e^2 + 2e^4 = e^2(1 + 2e^2)$$

故 $t = 2$ 时，点（1,2,1）处流体微团的加速度为

$$\boldsymbol{a} = e^2(1 + 2e^2)\boldsymbol{i} + 2e^4(1 + e^4)\boldsymbol{j} + e^2(1 + 2e^2)\boldsymbol{k}$$

2-2 已知速度场的速度分量为

$$v_x = 2xy^2, \quad v_y = 2x^2y$$

证明过点（2,5）的流线方程为

$$y^2 - x^2 = 21$$

证明 将速度分量代入流线方程，得

$$\frac{dx}{2xy^2} = \frac{dy}{2x^2y}$$

即 $$xdx = ydy$$

积分后得 $$y^2 - x^2 = C$$

代入 $x = 2$ 和 $y = 5$，得

$$C = 5^2 - 2^2 = 21$$

故过点（2,5）的流线方程为

$$y^2 - x^2 = 21$$

2-3 已知流场的速度分布为 $\boldsymbol{v} = (1-y)\boldsymbol{i} + t\boldsymbol{j}$，求 $t = 1$ 时过点（0,0）的流线方程及 $t = 0$ 时过点（0,0）的流体质点的迹线。

解 由流线微分方程得

$$\frac{dx}{1-y} = \frac{dy}{t}$$

即 $$tdx = (1-y)dy$$

积分后得 $$tx = y - \frac{1}{2}y^2 + C_1$$

或 $$y^2 - 2y + 2tx = C$$

代入 $t=1$，$x=0$，$y=0$，得

$$C=0$$

故 $t=1$ 时过点 (0,0) 的流线方程为

$$y^2-2y+2x=0$$

求迹线时要注意，题中速度分布是由欧拉法给出的，因此求解时要注意 y 是 t 的函数。由 $\mathrm{d}y=u_y\mathrm{d}t$ 得

$$\mathrm{d}y=t\mathrm{d}t$$

积分后得

$$y=\frac{t^2}{2}+C_1$$

代入 $t=0$，$x=0$，$y=0$，得

$$C_1=0$$

$$y=\frac{t^2}{2}$$

由 $\mathrm{d}x=v_x\mathrm{d}t$ 得

$$\mathrm{d}x=(1-y)\mathrm{d}t=\left(1-\frac{t^2}{2}\right)\mathrm{d}t$$

积分后得

$$x=t-\frac{1}{2}\times\frac{t^3}{3}+C_2=t-\frac{t^3}{6}+C_2$$

代入 $t=0$，$x=0$，$y=0$，得

$$C_2=0$$

$$x=t-\frac{t^3}{6}$$

由 $x=t-t^3/6$ 和 $y=t^2/2$ 消去 t 得 $t=0$ 时过点 (0,0) 的流体质点的迹线为

$$x^2=2y-\frac{4}{3}y^2+\frac{2}{9}y^3$$

2-4　水流过收缩形管道时，进口截面处水流的速度 $v_1=3\mathrm{m/s}$，方向水平，且垂直于进口截面，进口截面面积 $A_1=100\mathrm{cm}^2$；出口截面处水流的速度仍保持水平方向，但不垂直于出口截面，与出口截面的外法线方向成 30°角，出口截面面积 $A_2=25\mathrm{cm}^2$，求出口截面上水流速度的大小和流过管道的质量流量。

解　取管道进出口截面及管道内壁所包围的空间体积为控制体。对所取控制体施用连续方程，得

$$\dot{m}_{\text{入}}=\dot{m}_{\text{出}}=\dot{m}$$

因为 $\rho=$ 常数，$\dot{m}=\rho A v_n=$ 常数，所以

$$A_1v_1=A_2v_2\cos 30°$$

$$v_2=\frac{A_1v_1}{A_2\cos 30°}=\frac{100\times 3}{25\cos 30°}=13.86(\mathrm{m/s})$$

$$\dot{m}=\rho A_1v_1=1000\times 100\times 10^{-4}\times 3=30(\mathrm{kg/s})$$

2-5　如图 2.4 所示，水以压强 p_1 和垂直于入口截面的速度 v_1 流入一个收缩形弯管，水在弯管中转过 90° 后以压强 p_2 从弯管流出，弯管进口和出口直径分别为 d_1 和 d_2，弯管周围的大气压强为 p_a，假设质量力可以忽略，求：（1）弯管对水的作用力；（2）水对弯管的作用力；（3）保持弯管不动所需要的力。

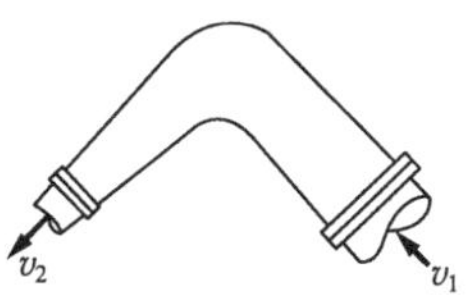

图 2.4　习题 2-5 图

解　取弯管进出口截面和弯管内壁所包围的空间体积为控制体；取入口流速方向为 x 轴正向，出口流速方向为 y 轴正向。

（1）　$$A_1=\frac{\pi}{4}d_1^2,\qquad A_2=\frac{\pi}{4}d_2^2$$

对所取控制体施用连续方程，得

$$\dot{m}_1=\dot{m}_2=\dot{m}=\rho A_1 v_1=\rho A_2 v_2=\frac{\pi}{4}\rho d_1^2 v_1$$

$$v_2=\frac{A_1}{A_2}v_1=\left(\frac{d_1}{d_2}\right)^2 v_1$$

对所取控制体施用动量方程，得

$$F_{ix}+p_1A_1=\dot{m}(0-v_1),\qquad F_{iy}-p_2A_2=\dot{m}v_2$$

式中，F_{ix} 和 F_{iy} 是弯管对水的作用力在 x 方向和 y 方向上的投影。解之，得

$$F_{ix}=-p_1A_1-\dot{m}v_1,\qquad F_{iy}=p_2A_2+\dot{m}v_2$$

（2）根据牛顿第三运动定律，水对弯管内壁的作用力

$$\boldsymbol{F}_{内}=-\boldsymbol{F}_{i}$$

所以

$$F_{内x}=-F_{ix}=p_1A_1+\dot{m}v_1$$

$$F_{内y}=-F_{iy}=-p_2A_2-\dot{m}v_2$$

（3）设弯管外表面面积为 A，则作用在弯管外壁上的大气压力

$$\boldsymbol{F}_{外}=\boldsymbol{p}_a\boldsymbol{A}=\boldsymbol{p}_a\boldsymbol{A}+\boldsymbol{p}_a\boldsymbol{A}_1+\boldsymbol{p}_a\boldsymbol{A}_2-\boldsymbol{p}_a\boldsymbol{A}_1-\boldsymbol{p}_a\boldsymbol{A}_2=-\boldsymbol{p}_a\boldsymbol{A}_1-\boldsymbol{p}_a\boldsymbol{A}_2$$

所以

$$(F_{外})_x=-p_aA_1,\qquad (F_{外})_y=p_aA_2$$

设保持弯管不动所需的力为 $\boldsymbol{F}$，则根据力的平衡条件

$$F_x+F_{内x}+F_{外x}=0,\qquad F_y+F_{内y}+F_{外y}=0$$

所以

$$F_x=-F_{内x}-F_{外x}=-(p_1A_1+\dot{m}v_1)+p_aA_1$$

$$F_y=-F_{内y}-F_{外y}=+p_2A_2+\dot{m}v_2-p_aA_2$$

2-6　如图 2.5 所示，空气从 A 口和 B 口进入贮箱，从 C 口流出贮箱。若进口 A 和 B 的面积均为 A，进口截面上的压强 $p_A=p_B=p_1$，速度 $v_A=v_B=v_1$；出口 C 的面积为 $2A$，出口截面上的压强 $p_C=p_a$；贮箱外界的大气压强为 p_a。贮箱进出口上的流动是一维定常的，流过贮箱的空气的密度为 ρ，若重力可以忽略不计，$p_1>p_a$，求空气对贮箱内壁的作用力。

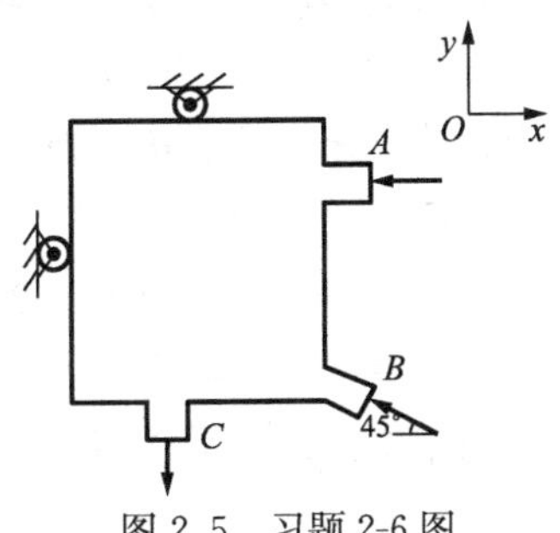

图 2.5　习题 2-6 图

解 取贮箱进出口截面和贮箱内壁所包围的空间体积为控制体。对所取控制体施用连续方程，得

$$\dot{m}_A + \dot{m}_B = \dot{m}_C$$

或
$$\rho A v_1 + \rho A v_1 = 2\rho A v_C$$

解之，得
$$v_C = v_1$$

对所取控制体沿 x 方向和 y 方向施用动量方程，得

$$F_{ix} - p_A A_A - p_B A_B \cos 45° = 0 - [\dot{m}_A(-v_A) + \dot{m}_B(-v_B)\cos 45°]$$

$$F_{iy} + p_C A_C + p_B A_B \sin 45° = -\dot{m}_C v_C - \dot{m}_B v_B \sin 45°$$

解之，得
$$F_{ix} = p_1 A + p_1 A\cos 45° + \rho A v_1^2 + \rho A v_1^2 \cos 45°$$

$$F_{iy} = -2p_a A - p_1 A\sin 45° - 2\rho A v_1^2 - \rho A v_1^2 \sin 45°$$

根据牛顿第三运动定律，空气对贮箱内壁的作用力

$$\boldsymbol{F}_d = -\boldsymbol{F}_i$$

所以
$$F_{dx} = -F_{ix} = -p_1 A - p_1 A\cos 45° - \rho A v_1^2 - \rho A v_1^2 \cos 45°$$

$$F_{dy} = -F_{iy} = 2p_a A + p_1 A\sin 45° + 2\rho A v_1^2 + \rho A v_1^2 \sin 45°$$

2-7 已知尾喷管进口燃气压强 $p_1 = 1.76\times10^5$Pa，速度 $v_1 = 300$m/s，进口为环形截面，如图 2.6 所示，进口截面面积 $A_1 = 0.85\text{m}^2$；出口燃气压强 $p_2 = 1.18\times10^5$Pa，速度 $v_2 = 500$m/s，出口截面面积 $A_2 = 0.67\text{m}^2$。如果燃气流量 $\dot{m} = 160$kg/s，求燃气对尾喷管和尾锥的总的轴向作用力。

解 取坐标系如图 2.7 所示，其中 x 轴平行于尾喷管轴。取控制体如图中虚线所示。

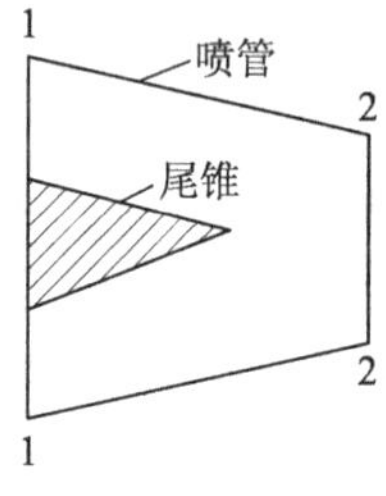

图 2.6 习题 2-7 图

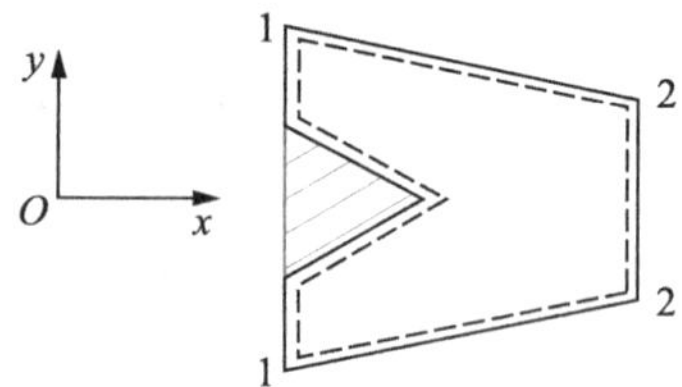

图 2.7 习题 2-7 控制体图

对所取控制体沿 x 方向施用动量方程，得

$$F' + p_1 A_1 - p_2 A_2 = \dot{m}(v_2 - v_1)$$

式中，F' 为尾喷管和尾锥对燃气沿喷管轴向的作用力，所以

$$\begin{aligned} F' &= -p_1 A_1 + p_2 A_2 + \dot{m}(v_2 - v_1) \\ &= -1.76\times10^5\times0.85 + 1.18\times10^5\times0.67 + 160\times(500-300) \\ &= -38540(\text{N}) \end{aligned}$$

根据牛顿第三运动定律，燃气对尾喷管和尾锥的总的轴向作用力

$$F = -F'$$

所以 $$F = 38540\text{N}$$

2-8 水流过一个水平放置的Y形管，如图2.8所示。Y形管入口直径 $d_1 = 18\text{cm}$，出口直径 $d_2 = 12\text{cm}$，$d_3 = 6\text{cm}$，入口截面上流量 $Q_1 = 0.06\text{m}^3/\text{s}$，压强 $p_1 = 1.7\times10^5\text{Pa}$，出口截面2上流量 $Q_2 = 0.04\text{m}^3/\text{s}$，不考虑黏性的作用，求Y形管进出口截面上水流的速度和水对Y形管内壁的作用力。

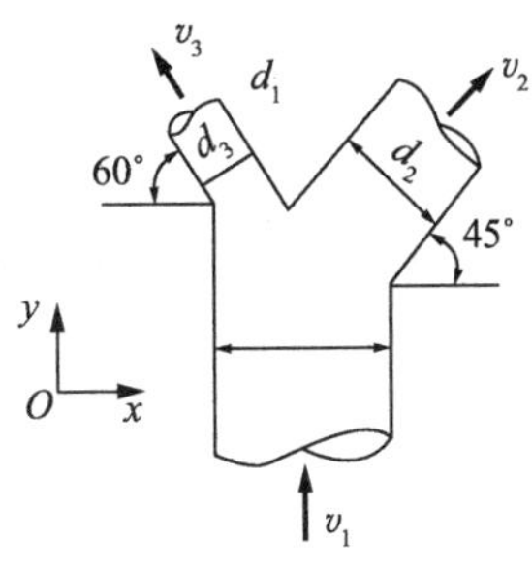

图2.8 习题2-8图

解 因为 $Q = vA$，所以

$$v_1 = \frac{Q_1}{\frac{\pi}{4}d_1^2} = \frac{0.06}{\frac{\pi}{4}\times 0.18^2} = 2.36(\text{m/s})$$

$$v_2 = \frac{Q_2}{\frac{\pi}{4}d_2^2} = \frac{0.04}{\frac{\pi}{4}\times 0.12^2} = 3.54(\text{m/s})$$

取管道进、出口截面及管道内壁所包围的空间体积为控制体。对所取控制体施用连续方程，得

$$Q_1 = Q_2 + Q_3$$

$$Q_3 = Q_1 - Q_2 = 0.06 - 0.04 = 0.02(\text{m}^3/\text{s})$$

$$v_3 = \frac{Q_3}{\frac{\pi}{4}d_3^2} = \frac{0.02}{\frac{\pi}{4}\times 0.06^2} = 7.07(\text{m/s})$$

对管道进、出口截面施用伯努利方程，考虑到 $z_1 = z_2 = z_3$，得

$$p_1 + \frac{1}{2}\rho v_1^2 = p_2 + \frac{1}{2}\rho v_2^2 = p_3 + \frac{1}{2}\rho v_3^2$$

$$p_2 = p_1 + \frac{1}{2}\rho(v_1^2 - v_2^2) = 1.7\times10^5 + \frac{1}{2}\times1000\times(2.36^2 - 3.54^2) = 1.66\times10^5(\text{Pa})$$

$$p_3 = p_1 + \frac{1}{2}\rho(v_1^2 - v_3^2) = 1.7\times10^5 + \frac{1}{2}\times1000\times(2.36^2 - 7.07^2) = 1.48\times10^5(\text{Pa})$$

对所取控制体施用动量方程，得

$$F_x - p_2A_2\cos45^\circ + p_3A_3\cos60^\circ = \rho Q_2v_2\cos45^\circ - \rho Q_3v_3\cos60^\circ$$

$$F_y + p_1A_1 - p_2A_2\sin45^\circ - p_3A_3\sin60^\circ = \rho Q_2v_2\sin45^\circ + \rho Q_3v_3\sin60^\circ - \rho Q_1v_1$$

式中，F_x 和 F_y 是管壁对水的作用力。解之，得

$$\begin{aligned}F_x &= p_2A_2\cos45^\circ - p_3A_3\cos60^\circ + \rho Q_2v_2\cos45^\circ - \rho Q_3v_3\cos60^\circ\\ &= 1.66\times10^5\times\frac{\pi}{4}\times0.12^2\times\cos45^\circ - 1.48\times10^5\times\frac{\pi}{4}\times0.06^2\times\cos60^\circ\\ &\quad + 1000\times(0.04\times3.54\times\cos45^\circ - 0.02\times7.07\times\cos60^\circ) = 1147.73(\text{N})\end{aligned}$$

$$\begin{aligned}F_y &= -p_1A_1 + p_2A_2\sin45^\circ + p_3A_3\sin60^\circ + \rho(Q_2v_2\sin45^\circ + Q_3v_3\sin60^\circ - Q_1v_1)\\ &= -1.7\times10^5\times\frac{\pi}{4}\times0.18^2 + 1.66\times10^5\times\frac{\pi}{4}\times0.12^2\times\sin45^\circ\end{aligned}$$

$$+1.48\times10^5\times\frac{\pi}{4}\times0.06^2\times\sin60^\circ+1000\times0.04\times3.54\times\sin45^\circ$$

$$+1000\times0.02\times7.07\times\sin60^\circ-1000\times0.06\times2.36=-2555.07(\text{N})$$

根据牛顿第三运动定律，作用在弯管内壁上的力

$$F'_x=-F_x=-1147.73\text{N}$$

$$F'_y=-F_y=2555.07\text{N}$$

2-9　如图 2.9 所示，流入弯管的水的静压 $p_1=27.58\times10^5\text{Pa}$，体积流量 $Q=5.66\text{m}^3/\text{s}$，弯管进口面积 $A_1=0.1858\text{m}^2$，出口面积 $A_2=0.0929\text{m}^2$，大气压强 $p_a=1.013\times10^5\text{Pa}$，假设摩擦和质量力可以忽略不计，求：(1) 弯管进出口截面上水流的速度和出口截面上水流的压强；(2) 弯管对水的作用力；(3) 保持弯管不动所需的力。

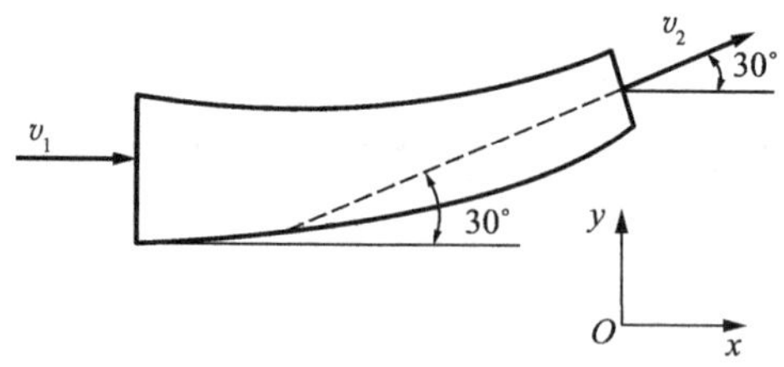

图 2.9　习题 2-9 图

解　(1) 取弯管进出口截面和内壁所包围的空间体积为控制体。对所取控制体施用连续方程，得

$$A_1v_1=A_2v_2=Q$$

$$v_1=\frac{Q}{A_1}=\frac{5.66}{0.1858}=30.5(\text{m/s})$$

$$v_2=\frac{Q}{A_2}=\frac{5.66}{0.0929}=60.9(\text{m/s})$$

对所取控制体施用伯努利方程，得

$$p_1+\frac{1}{2}\rho v_1^2=p_2+\frac{1}{2}\rho v_2^2$$

$$p_2=p_1+\frac{1}{2}\rho(v_1^2-v_2^2)$$

$$=27.58\times10^5+\frac{1}{2}\times1000\times(30.5^2-60.9^2)$$

$$=13.69\times10^5(\text{Pa})$$

(2) 设弯管对水的作用力为 $\boldsymbol{F}_\text{i}$。对所取控制体沿 x 方向和 y 方向施用动量方程，得

$$F_{\text{i}x}+p_1A_1-p_2A_2\cos30^\circ=\rho Q(v_2\cos30^\circ-v_1)$$

$$F_{\text{i}y}-p_2A_2\sin30^\circ=\rho Q(v_2\sin30^\circ-0)$$

解之，得

$$F_{ix} = 1000 \times 5.66 \times (60.9\cos 30^\circ - 30.5) - 27.58 \times 10^5 \times 0.1858 + 13.69 \times 10^5 \times 0.0929 \times \cos 30^\circ = -276411(\text{N})$$

$$F_{iy} = 1000 \times 5.66 \times 60.9 \times \frac{1}{2} + 13.69 \times 10^5 \times \frac{1}{2} \times 0.0929 = 235937(\text{N})$$

(3) 设作用在弯管外壁上的大气压力为 $\boldsymbol{F}_{外}$，弯管外表面面积为 A，则

$$\boldsymbol{F}_{外} = \boldsymbol{p}_a\boldsymbol{A} = \boldsymbol{p}_a\boldsymbol{A} + \boldsymbol{p}_a\boldsymbol{A}_1 + \boldsymbol{p}_a\boldsymbol{A}_2 - \boldsymbol{p}_a\boldsymbol{A}_1 - \boldsymbol{p}_a\boldsymbol{A}_2 = -\boldsymbol{p}_a\boldsymbol{A}_1 - \boldsymbol{p}_a\boldsymbol{A}_2$$

$$(F_{外})_x = -p_aA_1 + p_aA_2\cos 30^\circ$$

$$(F_{外})_y = p_aA_2\sin 30^\circ$$

设保持弯管不动所需的力为 $\boldsymbol{F}$。根据力的平衡条件，

$$\boldsymbol{F} + \boldsymbol{F}_{外} + \boldsymbol{F}_{内} = 0$$

或

$$\begin{cases} F_x + F_{外x} + F_{内x} = 0 \\ F_y + F_{外y} + F_{内y} = 0 \end{cases}$$

式中，$\boldsymbol{F}_{内}$是水对弯管内壁的作用力。因为

$$F_{内x} = -F_{ix}, \qquad F_{内y} = -F_{iy}$$

所以 $F_x = -F_{外x} - F_{内x} = p_aA_1 - p_aA_2\cos 30^\circ + F_{ix}$

$$= 1.013 \times 10^5 \times (0.1858 - 0.0929\cos 30^\circ) - 276411 = -265739(\text{N})$$

$$F_y = -F_{外y} - F_{内y} = -p_aA_2\sin 30^\circ + F_{iy}$$

$$= -1.013 \times 10^5 \times 0.0929 \times \sin 30^\circ + 235937 = 231232(\text{N})$$

2-10 不可压气体从图 2.10 所示的容器流出，出口截面处的气体压强等于大气压强 p_a，不考虑气体在容器中的摩擦损失，证明容器内外气体对容器壁的作用力的大小为 $2A(p_a - p_1)$，方向与气体排出方向相反。其中 A 为出口截面面积，p_1 为容器内的压强。

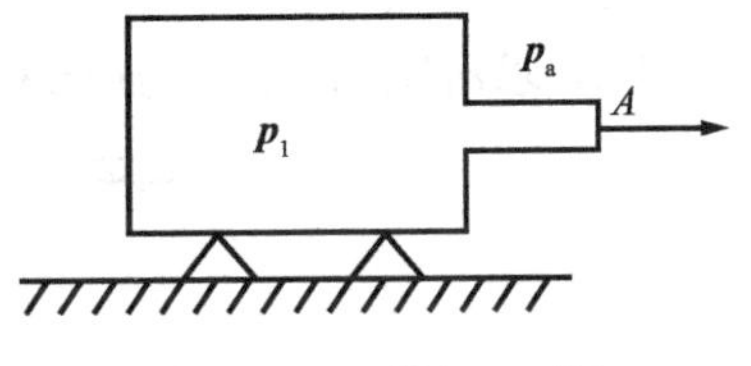

图 2.10 习题 2-10 图

证明 取容器内壁及出口截面所包围的空间体积为控制体。对所取控制体沿气体排出方向施用动量方程得

$$F_i - p_aA = \dot{m}v_e$$

式中，F_i 是容器内壁对控制体内气体的作用力，整理后得

$$F_i = p_aA + \dot{m}v_e$$

根据牛顿第三运动定律，控制体内气体对容器内壁的作用力

$$\boldsymbol{F}_{内} = -\boldsymbol{F}_i$$

所以

$$F_{内} = -F_i = -(p_aA + \dot{m}v_e)$$

负号表示该力的方向与气体排出方向相反。

取容器为研究对象。设作用在容器外壁上的大气压力为 $\boldsymbol{F}_{外}$，容器外表面面积为 $A_{外}$，则

$$\boldsymbol{F}_{外} = \boldsymbol{p}_a\boldsymbol{A}_{外} = \boldsymbol{p}_a\boldsymbol{A}_{外} + \boldsymbol{p}_a\boldsymbol{A} - \boldsymbol{p}_a\boldsymbol{A}$$

因为 $$\boldsymbol{p}_a\boldsymbol{A}_{外} + \boldsymbol{p}_a\boldsymbol{A} = 0$$

所以 $$\boldsymbol{F}_{外} = -\boldsymbol{p}_a\boldsymbol{A}$$

$$F_{外} = p_a A$$

设容器内外气体对容器壁的作用力为 $\boldsymbol{F}$，则

$$\boldsymbol{F} = \boldsymbol{F}_{内} + \boldsymbol{F}_{外}$$

所以 $$F = -(p_a A + \dot{m} v_e) + p_a A = -\dot{m} v_e$$

代入 $\dot{m} = \rho A v_e$，得

$$F = -\rho A v_e^2$$

另由伯努力方程知

$$p_1 = p_a + \frac{1}{2}\rho v_e^2$$

或 $$v_e^2 = 2\frac{(p_1 - p_a)}{\rho}$$

故

$$F = -\rho A \times \frac{2(p_1 - p_a)}{\rho} = 2A(p_a - p_1) < 0$$

因为使用动量方程时取了气体排出方向为正，所以 $F<0$，说明此力的方向与气体排出方向相反。

2-11　某潜艇在海中以 4.5m/s 的速度航行，潜艇的对称轴与海平面平行，并位于水下 18m 处，如图 2.11 所示。设海水密度为 1030kg/m^3，潜艇最大宽度 $BC=7\text{m}$，海平面上的大气压强为 $1.0133\times10^5\text{Pa}$，潜艇 B 点处压强为 $2.04620\times10^5\text{Pa}$，求潜艇 A 点处的压强和 B 点处流体质点的速度。

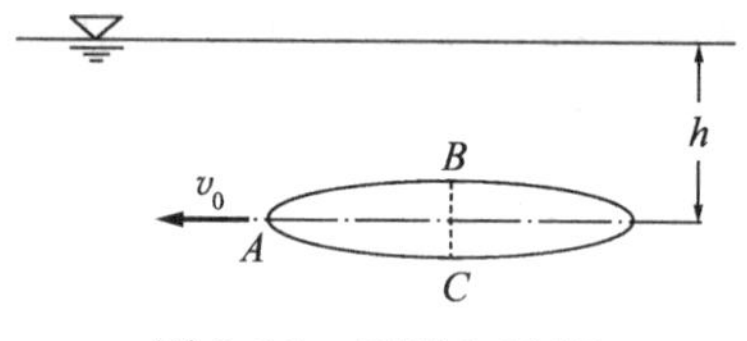

图 2.11　习题 2-11 图

解　潜艇航行时，海水中各点的参数要随时间而改变，不能用伯努利方程求解。为了能用伯努利方程求解，必须先将流动等价转换成定常流动。转换很简单，取与潜艇以相同速度运动的坐标系，站在这个坐标系上看，潜艇是静止不动的，海水以潜艇的速度定常地流过潜艇，如图 2.12 所示。海水的速度在 A 点滞止到零，A 点称为驻点。

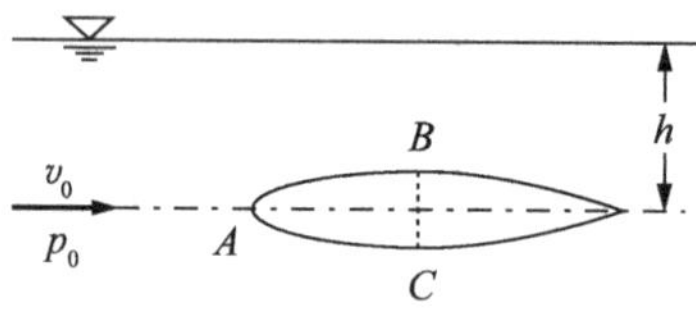

图 2.12　习题 2-11 图解

对同一条流线上的来流和 A 点、B 点施用伯努利方程，得

$$z_0+\frac{p_0}{\rho g}+\frac{v_0^2}{2g}=z_A+\frac{p_A}{\rho g}+\frac{v_A^2}{2g}=z_B+\frac{p_B}{\rho g}+\frac{v_B^2}{2g}$$

因为

$$p_0=p_a+\rho gh\,,\qquad z_0=z_A$$

$$v_A=0\,,\qquad z_A-z_B=h-\frac{BC}{2}$$

所以

$$p_A=p_0+\frac{1}{2}\rho v_0^2=p_a+\rho gh+\frac{1}{2}\rho v_0^2$$

$$=1.0133\times10^5+1030\times9.8\times18+\frac{1}{2}\times9.8\times4.5^2$$

$$=2.83121\times10^5(\text{Pa})$$

$$v_B=\sqrt{2g(z_A-z_B)+\frac{2}{\rho}(p_A-p_B)}$$

$$=\sqrt{2\times9.8\times3.5+\frac{2}{1030}\times(2.83121\times10^5-2.04620\times10^5)}$$

$$=14.9(\text{m/s})$$

2-12　鱼雷在深度 h=5m 的水下以 25.7m/s 的速度航行，海平面上的大气压强为 1.0133×10^5Pa，如果鱼雷表面的最大速度是鱼雷速度的 1.15 倍，海水密度为 1030kg/m^3，忽略鱼雷的宽度，求鱼雷表面上的最小压强。此外，如果已知水温 15℃时产生空泡的压强为 2332.4Pa，求鱼雷表面开始出现空泡时的航速。

解　鱼雷航行时，海水中各点的参数要随时间而改变，不能用伯努利方程求解。为了能用伯努利方程求解，必须先将流动等价转换成定常流动。转换很简单，取与鱼雷以相同速度运动的坐标系，站在这个坐标系上看，鱼雷是静止不动的，海水以鱼雷的速度 v_0 定常地流过鱼雷。

因为鱼雷表面上的最小压强应出现在最大速度的 A 点，所以对来流和 A 点施用伯努利方程，得

$$z_0+\frac{p_0}{\rho g}+\frac{v_0^2}{2g}=z_A+\frac{p_A}{\rho g}+\frac{v_A^2}{2g}$$

因为

$$p_0=p_a+\rho gh\,,\qquad z_0=z_A$$

所以

$$p_A=p_0+\frac{1}{2}\rho(v_0^2-v_A^2)=p_a+\rho gh+\frac{1}{2}\rho(v_0^2-v_A^2)$$

$$=1.0133\times10^5+1030\times9.8\times5+\frac{1}{2}\times1030\times[25.7^2-(1.15\times25.7)^2]$$

$$=42100.9(\text{Pa})$$

因为鱼雷表面上的空泡开始出现在鱼雷表面压强最小、速度最大的地方，所以令 p_A=2332.4Pa，对来流和 A 点施用伯努利方程，得

$$z_0+\frac{p_0}{\rho g}+\frac{v_0^2}{2g}=z_A+\frac{p_A}{\rho g}+\frac{v_A^2}{2g}$$

因为 $p_0=p_a+\rho g h$ ， $z_0=z_A$ ， $v_A=1.15v_0$

所以

$$\frac{p_0-p_A}{\rho g}=\frac{v_A^2-v_0^2}{2g}=\frac{(1.15^2-1)v_0^2}{2g}$$

$$v_0=\sqrt{\frac{2(p_0-p_A)}{(1.15^2-1)\rho}}=\sqrt{\frac{2(p_a+\rho g h-p_A)}{(1.15^2-1)\rho}}$$

$$=\sqrt{\frac{2\times(1.0133\times10^5+1030\times9.8\times5-2332.4)}{(1.15^2-1)\times1030}}$$

$$=30.0(\mathrm{m/s})$$

2-13 某轴流式压气机工作时，进口截面上空气的速度 $v_1=120\mathrm{m/s}$，温度 $T_1=290\mathrm{K}$，出口截面上空气的速度 $v_2=100\mathrm{m/s}$，温度 $T_2=540\mathrm{K}$，通过压气机的空气流量 $\dot{m}=14\mathrm{kg/s}$，求带动压气机所需要的功率。设空气流过压气机时与外界交换的热量和摩擦的影响可以忽略不计。

解 因为 $q=0$ ，所以由能量方程（2.77a）式得

$$w_{轴}=-\left[\frac{1}{2}(v_2^2-v_1^2)+(h_2-h_1)\right]=-\left[\frac{1}{2}(v_2^2-v_1^2)+c_p(T_2-T_1)\right]$$

$$=-\left[\frac{1}{2}(v_2^2-v_1^2)+\frac{k}{k-1}R(T_2-T_1)\right]$$

$$=-\left[\frac{1}{2}(100^2-120^2)+\frac{1.4}{1.4-1}\times287.06\times(540-290)\right]$$

$$=-248.98(\mathrm{kJ/kg})$$

负号表示压气机对空气做功，即压气机压缩每千克空气需耗功 248.98kJ。

带动压气机所需要的功率为

$$N_s=\dot{m}w_{轴}=14\times248.98=3485.72(\mathrm{kW})$$

第3章　重要的气流参数和气体动力学函数

3.1　内容提要

气体动力学中重要的气流参数有声速、马赫数、滞止参数、极限速度、临界参数和速度系数，本章先介绍了这些重要的气流参数的定义、作用、计算公式和变化规律，然后通过需求分析，引出了对气体动力学中的计算有极大简化作用的气体动力学函数，其中重要的基本概念、基本理论和基本方程如下。

1. 基本概念

1）声速

声速是微弱扰动波在流体介质中的传播速度。

2）马赫数

流场中任意一点处的流速 v 与该点处气体声速 c 的比值称为该点处气流的马赫数，记为 Ma ，即

$$Ma = \frac{v}{c}$$

3）滞止参数

滞止参数是和滞止状态联系在一起的。气流速度等于零的状态称为滞止状态，滞止状态下的气流参数称为滞止参数。

4）临界参数

临界参数是和临界状态联系在一起的。马赫数 $Ma = 1$ 的状态称为临界状态，临界状态下的参数称为临界参数。

5）临界截面

马赫数 $Ma = 1$ 的截面称为临界截面。

6）速度系数

气流速度与临界声速的比值称为速度系数，也称为无量纲速度，用符号 λ 表示，即

$$\lambda = \frac{v}{c_{cr}}$$

2. 基本理论和基本方程

1）声速计算公式

$$c=\sqrt{k\frac{p}{\rho}}=\sqrt{kRT}$$

2）马赫数的最大特点及其与流动的关系

马赫数的最大特点是它的大小反映了气流可压缩性的大小。根据马赫数的大小可以把流动分成下述四类：

不可压缩流动　$Ma<0.3$，$\rho=$ 常数；

亚声速流动　$Ma<1$；

声速流动　$Ma=1$；

超声速流动　$Ma>1$。

3）滞止参数的变化规律

绝能流动过程中，气流的总焓和总温是常数。绝能等熵流动过程中，气流的全部滞止参数都是常数。

4）滞止状态和滞止参数的使用说明

滞止状态是一个参考状态，它与所研究气体的实际流动过程无关，流场中的每一点都有一个滞止状态，这个滞止状态可以是实际存在的，也可以是通过假想得到的。由此可知，滞止参数是空间点的函数，流场中的每一点都有确定的滞止参数，滞止参数可以是实际存在的，也可以是通过假想得到的。从流场中的一点到另一点，滞止参数可以是变化的，也可以是不变的，如绝能等熵流动过程。

5）极限速度或最大速度

$$v_{\max}=\sqrt{\frac{2}{k-1}kRT^{*}}$$

6）临界声速计算公式

$$c_{\mathrm{cr}}=\sqrt{\frac{2k}{k+1}RT^{*}}$$

7）气体动力学函数 τ、π、ε 的定义

$$\tau=\frac{T}{T^{*}},\qquad \pi=\frac{p}{p^{*}},\qquad \varepsilon=\frac{\rho}{\rho^{*}}$$

8）流量计算公式

$$\dot{m}=K\frac{p^{*}}{\sqrt{T^{*}}}Aq(\lambda)=K\frac{p}{\sqrt{T^{*}}}Ay(\lambda)$$

9）气流冲量定义式

$$J=\dot{m}v+pA$$

10）气流冲量的计算公式

$$J=\frac{k+1}{2k}\dot{m}c_{\mathrm{cr}}\left(\lambda+\frac{1}{\lambda}\right)=p^{*}Af(\lambda)=\frac{pA}{r(\lambda)}$$

3. 常用公式

1）声速计算公式

$$c=\sqrt{k\frac{p}{\rho}}=\sqrt{kRT}$$

2）马赫数定义式

$$Ma=\frac{v}{c}$$

3）临界声速计算公式

$$c_{\mathrm{cr}}=\sqrt{\frac{2k}{k+1}RT^{*}}$$

4）速度系数定义式

$$\lambda=\frac{v}{c_{\mathrm{cr}}}$$

5）气体动力学函数 τ 、π 、ε 的定义

$$\tau=\frac{T}{T^{*}},\qquad \pi=\frac{p}{p^{*}},\qquad \varepsilon=\frac{\rho}{\rho^{*}}$$

6）流量计算公式

$$\dot{m}=K\frac{p^{*}}{\sqrt{T^{*}}}Aq(\lambda)=K\frac{p}{\sqrt{T^{*}}}Ay(\lambda)$$

7）气流冲量定义式

$$J=\dot{m}v+pA$$

4. 常见问题

（1）计算题下手难问题。气体动力学中计算题很多，对于这些题目初学时常常会感到无从下手。事实上气体动力学中计算题的求解虽然比较灵活，但还是有规律可循的。一般计算都是先从求解马赫数或速度系数入手，说得再具体一些就是已知速度和静温时，从求解马赫数入手；已知速度和总温时，从求解速度系数入手。

（2）计算公式的记忆和使用问题。气体动力学中计算公式很多，学习时常常会感到公式太多，不知道哪些公式要记，哪些公式不要记。事实上气体动力学中真正要记的公式并不多，这是因为虽然气体动力学中计算公式很多，但是为了方便使用和简化计算，通过计算将许多计算公式的使用转换成了教材末附录中数值表的使用，从而使得这些计算公式不但不需要记忆，而且不需要使用，在气体动力学中凡是能用数值表求解的问题决不要用计算公式求解，否则原来为了方便使用、简化计算给出数值表的工作就白做了。为了明确指出哪些公式要记和方便掌握，本书专门在内容提要的常用公式中列出了要记的公式。

(3) 数值表的灵活运用问题。气体动力学中的计算多数都是通过数值表完成的，因此数值表的使用非常重要。对于数值表，学习时常出现不能灵活运用的问题，只知道根据表中左端的数值查找同一行中的其他数值，而不知道根据表中右端或中间的数值查找同一行中的其他数值。其实对于数值表，只要知道了一行中的任意一个数值，就可以通过这个值查出同一行中其他所有数值，而不论这个数值是位于表的左端、右端还是中间。此外对于给定气体，气体动力学函数 τ 、π 、ε 仅是马赫数或速度系数的函数，因此这三个函数不一定非从附表 2 查取，从附录中的其他表也可以查取，如附表 3。

3.2 典型题目解析

例 3.1 总温 $T^* = 350\text{K}$ 、静压 $p = 1.7356 \times 10^5 \text{Pa}$ 的空气以速度 $v = 200\text{m/s}$ 的速度流入一扩张形管道，如果流动过程是绝能等熵过程，求空气可以达到的最大压强。

分析 绝能等熵流动过程中空气可以达到的最大压强是总压 p^* ，所以本题应根据已知条件求总压。

解 $$\lambda = \frac{v}{c_{\text{cr}}} = \frac{v}{\sqrt{\dfrac{2k}{k+1}RT^*}} = \frac{200}{\sqrt{\dfrac{2 \times 1.4}{1.4+1} \times 287.06 \times 350}} = 0.58$$

由附表 2 (b)* 查得，$\lambda = 0.58$ 时，$\pi(\lambda) = 0.8172$ 。根据 π 函数的定义

$$p^* = \frac{p}{\pi(\lambda)} = \frac{1.7356 \times 10^5}{0.8172} = 2.12384 \times 10^5 (\text{Pa})$$

【提示】 求解气体流动问题时要注意：能用书末附录中的数值表求解时一定不要用公式求解，因为这些数值表是为了方便计算由公式算出来的，已经取代了公式。此外求解时还要注意：已知速度和静温时，应先算出马赫数再查表；而已知速度和总温时，应先算出速度系数再查表。

例 3.2 某装有冲压发动机的导弹在 12000m 高空飞行，飞行马赫数 $Ma = 1.8$ ，求进入发动机的空气的总温和总压。

分析 取与导弹以相同速度运动的坐标系。相对这个坐标系，导弹是静止的，空气以马赫数 $Ma = 1.8$ 的速度流向导弹，因此求出马赫数 $Ma = 1.8$ 下空气的总温和总压就得到了进入发动机的空气的总温和总压。

解 由附表 1 查得，高度 $H = 12000\text{m}$ 时，空气的静压 $p = 0.19399 \times 10^5 \text{Pa}$，静温 $T = 216.7\text{K}$ 。由附表 2 (a) 查得，$Ma = 1.8$ 时，

$$\frac{T}{T^*} = 0.6068 , \qquad \frac{p}{p^*} = 0.1740$$

---

* 附表指原渭兰主编的《气体动力学》(科学出版社) 书中附表，以下同。

故进入发动机的空气的总温和总压分别为

$$T^* = \frac{T}{0.6068} = \frac{216.7}{0.6068} = 357.1(\mathrm{K})$$

$$p^* = \frac{p}{0.1740} = \frac{0.19399 \times 10^5}{0.1740} = 1.11489 \times 10^5(\mathrm{Pa})$$

【提示】 求解给定高度处的空气流动问题时要注意使用标准大气表，通过标准大气表可以得到给定高度处空气的温度、压强、密度、声速和黏性系数。

例 3.3 空气沿无摩擦绝热超声速喷管流动时，管中截面 1-1 上气流的静压 $p_1 = 5.88 \times 10^5\mathrm{Pa}$，静温 $T_1 = 300\mathrm{K}$，速度 $v_1 = 220\mathrm{m/s}$，截面 2-2 上气流的静温 $T_2 = 243\mathrm{K}$，求截面 2-2 上气流的压强和马赫数。

分析 无摩擦的绝热流动过程可以看做等熵过程，再加上流动过程中空气与外界没有机械功的交换，因此本题的流动过程是绝能等熵过程，所有滞止参数都不变。

解

$$Ma_1 = \frac{v_1}{\sqrt{kRT_1}} = \frac{220}{\sqrt{1.4 \times 287.06 \times 300}} = 0.634$$

据 $Ma_1 = 0.634$ 查附表 2（a），得

$$\frac{T_1}{T_1^*} = 0.9265 + \frac{0.9243 - 0.9265}{0.64 - 0.63} \times (0.634 - 0.63) = 0.9256$$

$$\frac{p_1}{p_1^*} = 0.7654 + \frac{0.7591 - 0.7654}{0.64 - 0.63} \times (0.634 - 0.63) = 0.7629$$

因为流动是绝能等熵的，所以

$$T_1^* = T_2^*, \qquad p_1^* = p_2^*$$

$$\frac{T_2}{T_2^*} = \frac{T_2}{T_1^*} = \frac{T_2}{T_1} \times \frac{T_1}{T_1^*} = \frac{243}{300} \times 0.9256 = 0.7497$$

据 $T_2/T_2^* = 0.7497$ 查附表 2（a），得

$$Ma_2 = 1.29 + \frac{1.30 - 1.29}{0.7474 - 0.7503} \times (0.7497 - 0.7503) = 1.292$$

$$\frac{p_2}{p_2^*} = 0.3659 + \frac{0.3609 - 0.3659}{0.7474 - 0.7503} \times (0.7497 - 0.7503) = 0.3649$$

$$p_2 = \frac{p_2}{p_2^*} \times \frac{p_1^*}{p_1} \times p_1 = \frac{0.3649 \times 5.88 \times 10^5}{0.7629} = 2.8124 \times 10^5(\mathrm{Pa})$$

【提示】 对于绝能等熵过程，求解静参数时要注意使用

$$p_2 = \frac{p_2}{p_2^*} \times \frac{p_1^*}{p_1} \times p_1$$

等关系式求解，而不要先求出总参数，然后再求静参数，因为求解步骤越多计算误差越大，计算中步骤越少越好，这是需要注意培养的一种基本计算技能。

例 3.4 空气沿一管道流动时，截面 1-1 上气流的速度 $v_1 = 152\mathrm{m/s}$，静压 $p_1 = 0.69 \times 10^5\mathrm{Pa}$，静温 $T_1 = 283\mathrm{K}$，假设流动是无黏性和无热量交换的，求

下游截面 2-2 上气流的总压、总温、静压、静温、速度、马赫数和速度系数，截面 2-2 与截面 1-1 的面积比 $A_2/A_1=0.85$ 。

分析 由已知的截面 1-1 上的速度和静温可以求出该截面上的马赫数，然后利用流动是绝能等熵流动的条件和连续方程可以求出截面 2-2 上的马赫数，再利用气体动力学函数即可求出所需参数。

解 $$Ma_1=\frac{v_1}{\sqrt{kRT_1}}=\frac{152}{\sqrt{1.4\times 287.06\times 283}}=0.451$$

据 $Ma_1=0.451$ 查附表 2 (a)，得

$$\frac{T_1}{T_1^*}=0.9611+\frac{0.9594-0.9611}{0.46-0.45}\times(0.451-0.45)=0.9609$$

$$\frac{p_1}{p_1^*}=0.8703+\frac{0.8650-0.8703}{0.46-0.45}\times(0.451-0.45)=0.8698$$

$$\frac{1}{q(Ma_1)}=1.4487+\frac{1.4246-1.4487}{0.46-0.45}\times(0.451-0.45)=1.4463$$

取截面 1-1、截面 2-2 以及这两截面之间的管道内壁所包围的空间体积为控制体。对所取控制体施用连续方程，得

$$\dot{m}_1=\dot{m}_2$$

代入流量计算公式，得

$$K\frac{p_1^*}{\sqrt{T_1^*}}A_1q(Ma_1)=K\frac{p_2^*}{\sqrt{T_2^*}}A_2q(Ma_2)$$

因为无黏性和无热量交换的流动是等熵流动，加上流动过程中空气与外界没有机械功的交换，所以本题的流动是绝能等熵流动，将 $T_1^*=T_2^*$ 、$p_1^*=p_2^*$ 代入连续方程，得

$$\frac{1}{q(Ma_2)}=\frac{A_2}{A_1}\times\frac{1}{q(Ma_1)}=0.85\times 1.4463=1.2294$$

据 $1/q(Ma_2)=0.8134$ 查附表 2 (a)，得

$$Ma_2=0.56+\frac{0.57-0.56}{1.2263-1.2403}\times(1.2294-1.2403)=0.568$$

$$\lambda_2=0.5951+\frac{0.6051-0.5951}{1.2263-1.2403}\times(1.2294-1.2403)=0.6029$$

$$\frac{T_2}{T_2^*}=0.9410+\frac{0.9390-0.9410}{1.2263-1.2403}\times(1.2294-1.2403)=0.9394$$

$$\frac{p_2}{p_2^*}=0.8082+\frac{0.8022-0.8082}{1.2263-1.2403}\times(1.2294-1.2403)=0.8035$$

$$T_2^*=T_1^*=\frac{T_1^*}{T_1}\times T_1=\frac{283}{0.9609}=294.5(\text{K})$$

$$p_2^*=p_1^*=\frac{p_1^*}{p_1}\times p_1=\frac{0.69\times 10^5}{0.8698}=0.7933\times 10^5(\text{Pa})$$

$$T_2=\frac{T_2}{T_2^*}\times\frac{T_1^*}{T_1}\times T_1=\frac{0.9394\times 283}{0.9609}=276.7(\text{K})$$

$$p_2=\frac{p_2}{p_2^*}\times\frac{p_1^*}{p_1}\times p_1=\frac{0.8035\times 0.69\times 10^5}{0.8698}=0.6374\times 10^5(\text{Pa})$$

$$v_2=\lambda_2 c_{\text{cr2}}=\lambda_2\sqrt{\frac{2}{k+1}kRT_2^*}$$

$$=0.6029\times\sqrt{\frac{2}{1.4+1}\times 1.4\times 287.06\times 294.5}=189.3(\text{m/s})$$

【提示】 由上述解题过程可以看到，气动函数表的查法比较灵活，可以从左边往右边查，也可以从右边往左边查，还可以从中间往两边查，一行中只要知道一个数据就可查出这一行的其他数据，这一点在解题时一定要注意利用。

例 3.5 液体火箭发动机在地面试车时，见图 3.1，高速喷气所产生的推力 $F=4.9\times 10^5\text{N}$（即燃气对发动机的作用力），喷管入口处燃气的总温 $T^*=2700\text{K}$，总压 $p^*=3.099\times 10^6\text{Pa}$，喷管出口处燃气的压强等于大气压强，大气压强 $p_a=1.033\times 10^5\text{Pa}$，燃气的绝热指数 $k=1.25$，气体常数 $R=344\text{J/(kg·K)}$，求喷管出口处燃气的速度 v_e、燃气的流量 $\dot{m}$、喷管最小截面面积 A_t 和喷管出口截面面积 A_e，假设燃气在喷管中的流动是绝能等熵流动。

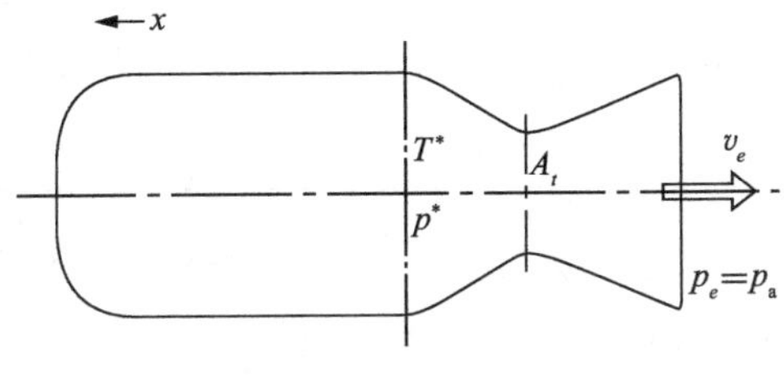

图 3.1 例 3.5 图

分析 由已知喷管入口总压和出口静压可以求出喷管出口处的速度系数、流量函数和冲量函数，再利用速度系数的定义式和连续方程、动量方程即可求出喷管出口处燃气速度、燃气流量等参数。

解 因为喷管中的流动是绝能等熵流动，所以 $T_e^*=T^*$，$p_e^*=p^*$

$$\frac{p_e}{p_e^*}=\frac{p_a}{p^*}=\frac{1.033\times 10^5}{3.099\times 10^6}=0.0333$$

据 $p_e/p_e^*=0.0333$ 查附表 2（d），得

$$\lambda_e=2.10+\frac{2.11-2.10}{0.0330-0.0345}\times(0.0333-0.0345)=2.108$$

$$q(\lambda_e)=0.2276+\frac{0.2244-0.2276}{0.0330-0.0345}\times(0.0333-0.0345)=0.2250$$

$$f(\lambda_e)=0.3660+\frac{0.3555-0.3660}{0.0330-0.0345}\times(0.0333-0.0345)=0.3576$$

$$v_e = \lambda_e c_{\text{cre}} = \lambda_e \sqrt{\frac{2}{k+1} kRT_e^*}$$

$$= 2.108 \times \sqrt{\frac{2}{1.25+1} \times 1.25 \times 344 \times 2700} = 2141.5(\text{m/s})$$

因为喷管出口 $\lambda_e = 2.108$ ，出口气流是超声速气流，所以喷管最小截面是临界截面，$A_t = A_{\text{cr}}$ ，$\lambda_t = 1$ ，$q(\lambda_t) = 1$ 。

取 x 轴与发动机轴线平行，方向如图 3.1 所示。取发动机内壁和喷管出口截面所包围的空间体积为控制体。对所取控制体施用动量方程，得

$$F_{\text{i}} + p_e A_e = -\dot{m} v_e$$

即

$$F_{\text{i}} = -(p_e A_e + \dot{m} v_e)$$

式中，F_{i} 是发动机对燃气的作用力。根据牛顿第三定律，燃气对发动机的作用力 $F = -F_{\text{i}}$ ，所以

$$F = p_e A_e + \dot{m} v_e$$

利用冲量函数，得

$$F = p_e A_e + \dot{m} v_e = \frac{k+1}{2k} \dot{m} c_{\text{cre}} \left(\lambda_e + \frac{1}{\lambda_e}\right) = p_e^* A_e f(\lambda_e)$$

故

$$\dot{m} = \frac{2kF}{(k+1) c_{\text{cre}} \left(\lambda_e + \frac{1}{\lambda_e}\right)} = \frac{2kF}{(k+1) \sqrt{\frac{2}{k+1} kRT_e^*} \left(\lambda_e + \frac{1}{\lambda_e}\right)}$$

$$= \frac{2 \times 1.25 \times 4.9 \times 10^5}{(1.25+1) \sqrt{\frac{2}{1.25+1} \times 1.25 \times 344 \times 2700} \left(2.108 + \frac{1}{2.108}\right)}$$

$$= 207.5(\text{kg/s})$$

$$A_e = \frac{F}{p_e^* f(\lambda_e)} = \frac{4.9 \times 10^5}{3.099 \times 10^6 \times 0.3576} = 0.44(\text{m}^2)$$

对喷管最小截面和出口截面之间的空间体积施用连续方程，得

$$\dot{m}_t = \dot{m}_e$$

代入流量计算公式，得

$$K \frac{p_t^*}{\sqrt{T_t^*}} A_t = K \frac{p_e^*}{\sqrt{T_e^*}} A_e q(\lambda_e)$$

因为喷管中的流动是绝能等熵流动，$p_t^* = p_e^*$ ，$T_t^* = T_e^*$ ，$A_t = A_{\text{cr}}$ ，所以

$$A_t = A_{\text{cr}} = A_e q(\lambda_e) = 0.44 \times 0.2250 = 0.10(\text{m}^2)$$

【提示】 由上述求解过程可以看到，利用冲量函数解题时一定要先列动量方程，然后用气流冲量 J 取代动量方程中的 $\dot{m}v + pA$ 再进行计算，不能直接套用公式 $F_i = J_2 - J_1$ ，因为具体问题的动量方程并不一定是

$$F_i = (\dot{m}_2 v_2 + p_2 A_2) - (\dot{m}_1 v_1 + p_1 A_1)$$

3.3 思考题解答

3.1 因为滞止参数是速度为零的滞止状态下的参数，所以流场中只有速度为零的地方才有滞止参数。这种说法对吗？为什么？

答 不对。因为滞止状态是一个参考状态，它可以是实际存在的，也可以是通过假想得到的。考虑流场中的一点，如果这一点的气流速度等于零，则这一点的流动处于滞止状态，这种情况下滞止状态是实际存在的，滞止参数也是实际存在的。反之，如果这一点的气流速度不等于零，则这一点的滞止状态可以通过假想得到。假想让这一点的气流绝能等熵地流入一个无限大的容器，使其速度滞止到零。因为绝能等熵流动中气流的滞止参数不变，所以大容器中速度为零的状态就是这一点的滞止状态，相应的参数就是这一点的滞止参数。因此，滞止参数是空间点的函数，流动场中的每一点都有确定的滞止参数，滞止参数可以是实际存在的，也可以是通过假想得到的。

3.2 极限速度也称最大速度，该速度是否为气体流动所能达到的最大速度？为什么？

答 极限速度仅是一个理论上的最大速度，实际的气体流动是达不到这个速度的。因为极限速度是气流温度降低到 0K，即气流的焓全部转化成动能时，气流速度所达到的最大值，但任何气体早在温度降低到 0K 之前就变成液体了，所以极限速度仅是一个理论上的最大速度，实际流动是达不到这个速度的。

3.3 何为临界状态？临界状态下，如果已知气流的静温，如何求气流的速度？如果已知气流的总温，如何求气流的速度？

答 临界状态是马赫数 $Ma=1$ 的状态，也是速度系数 $\lambda=1$ 的状态。已知气流静温时，应由马赫数求气流的速度，因为

$$Ma=\frac{v}{c}=\frac{v}{\sqrt{kRT}}=1$$

所以

$$v=c=\sqrt{kRT}$$

而已知气流总温时，应由速度系数求气流的速度，因为

$$\lambda=\frac{v}{c_{\mathrm{cr}}}=\frac{v}{\sqrt{\dfrac{2k}{k+1}RT^{*}}}=1$$

所以

$$v=c_{\mathrm{cr}}=\sqrt{\frac{2k}{k+1}RT^{*}}$$

3.4 亚声速气流在收缩形管道中作一维定常绝能等熵流动时，沿着流动方向速度应该增大？还是应该减小？速度的变化有无限制？为什么？

答 在收缩形管道中任取两个垂直于管轴的截面 1 和截面 2。对所取两截面

之间的空间体积施用连续方程，得

$$K\frac{p_1^*}{\sqrt{T_1^*}}A_1q(\lambda_1)=K\frac{p_2^*}{\sqrt{T_2^*}}A_2q(\lambda_2)$$

因为流动是绝能等熵的，$T_1^*=T_2^*$，$p_1^*=p_2^*$，所以

$$A_1q(\lambda_1)=A_2q(\lambda_2)$$

这个结果说明管道截面面积与流量函数成反比，管道截面面积减小时，流量函数增大。而由流量函数 $q(\lambda)$ 的特点知，对于亚声速气流，流量函数 $q(\lambda)$ 随速度系数 λ 的增大而增大。因为

$$\lambda=\frac{v}{c_{\mathrm{cr}}}=\frac{v}{\sqrt{\frac{2k}{k+1}RT^*}}$$

而绝能等熵流动中临界声速 c_{cr} 不变，所以速度系数 λ 的增大意味着速度增大，故亚声速气流在收缩形管道中做一维定常绝能等熵流动时，沿着流动方向速度增大，但增大有限，速度最大只能增大到声速。因为速度如果增大到超声速，根据流量函数 $q(\lambda)$ 的特点，速度系数 λ 随流量函数 $q(\lambda)$ 的增大而减小，λ 减小速度就减小，所以气流在收缩形管道中做一维定常绝能等熵流动时，速度最大只能增大到声速。

3.5　超声速气流在管道中做一维定常绝能等熵流动时，如果希望气流加速，管道的形状应是收缩形的？还是扩张形的？为什么？

答　管道的形状应是扩张形的。因为对于绝能等熵流动，速度增大意味着速度系数 λ 增大，而由流量函数 $q(\lambda)$ 的特点知，超声速气流的流量函数 $q(\lambda)$ 随速度系数 λ 的增大而减小，根据上题结果

$$A_1q(\lambda_1)=A_2q(\lambda_2)$$

流量函数 $q(\lambda)$ 减小时，为了保持 $Aq(\lambda)$ 不变，管道截面面积 A 必须增大，所以超声速气流在管道中做一维定常绝能等熵流动时，如果希望气流加速，管道的形状应是扩张形的。

3.4　习题解答

3-1　某飞机在 13000m 高空以速度 $v=450\mathrm{m/s}$ 飞行，求该飞机的飞行马赫数。

解　取与飞机以相同速度运动的坐标系。相对这个坐标系，飞机是静止不动的，空气以飞机的速度流向飞机，因此求出空气的马赫数也就求出了飞机的飞行马赫数。

由附表 1 查得，高度 $H=13000\mathrm{m}$ 时，声速 $c=295.1\mathrm{m/s}$，所以马赫数

$$Ma=\frac{v}{c}=\frac{1800\times\frac{1000}{3600}}{296.9}=1.68$$

3-2　飞机在高空飞行时，机翼上某处空气的压强 $p=39534\text{Pa}$，密度 $\rho=0.819\text{kg/m}^3$，速度 $v=230\text{m/s}$，求该处空气的马赫数。

解　由马赫数的计算公式和完全气体状态方程知

$$Ma=\frac{v}{c}=\frac{v}{\sqrt{kRT}}, \qquad p=\rho RT$$

所以
$$Ma=\frac{v}{c}=\frac{v}{\sqrt{k\frac{p}{\rho}}}=\frac{230}{\sqrt{1.4\times\frac{39534}{0.819}}}=0.885$$

3-3　某冲压发动机工作时，进口截面上空气流的速度 $v=200\text{m/s}$，马赫数 $Ma=0.5$，质量流量 $\dot{m}=9.0\text{kg/s}$，进口截面积 $A=0.05\text{m}^2$，求进口截面上空气的静压和总压。

解　因为
$$\dot{m}=\rho Av,\ p=\rho RT,\ Ma^2=\frac{v^2}{kRT}$$

所以
$$p=\frac{\dot{m}}{Av}\times\frac{v^2}{kMa^2}=\frac{9.0\times 200}{0.05\times 1.4\times 0.5^2}=1.02857\times 10^5(\text{Pa})$$

据 $Ma=0.5$ 查附表 2（a），得

$$\frac{p}{p^*}=0.8430$$

所以
$$p^*=\frac{p}{0.8430}=\frac{1.02857\times 10^5}{0.8430}=1.22013\times 10^5\ (\text{Pa})$$

3-4　已知某管道的最小截面为临界截面，最小截面面积 $A_{\min}=0.1\text{m}^2$，流动是绝能等熵流动，测得管道中空气流在一点处的总温 $T^*=288\text{K}$，求通过最小截面的体积流量 Q。

解　因为最小截面为临界截面，最小截面上的马赫数 $Ma=1$，速度 $v=c_{\text{cr}}$，所以

$$Q=A_{\min}c_{\text{cr}}=A_{\min}\sqrt{\frac{2}{k+1}kRT^*}=0.1\times\sqrt{\frac{2}{1.4+1}\times 1.4\times 287.06\times 288}$$
$$=31.1(\text{kg/s})$$

3-5　空气流过收缩喷管时，在喷管进口截面处，温度 $T_1=450\text{K}$，压强 $p_1=2\times 10^5\text{Pa}$，速度 $v_1=200\text{m/s}$；在出口截面处，速度为声速。若流动是绝能等熵的，求出口截面上空气流的静温、静压、密度和速度。

解
$$Ma_1=\frac{v_1}{\sqrt{kRT_1}}=\frac{200}{\sqrt{1.4\times 287.06\times 450}}=0.47$$

因为出口截面处的速度为声速，所以 $Ma_2=1$。据 $Ma_1=0.47$ 和 $Ma_2=1$ 查附表 2（a），得

$$\frac{T_1}{T_1^*}=0.9577,\qquad \frac{p_1}{p_1^*}=0.8596$$

$$\frac{T_2}{T_2^*}=0.8333,\qquad \frac{p_2}{p_2^*}=0.5283$$

因为流动过程是绝热等熵的，所以

$$T_1^*=T_2^*,\qquad p_1^*=p_2^*$$

$$T_2=\frac{T_2}{T_2^*}\times\frac{T_1^*}{T_1}\times T_1=\frac{0.8333\times 450}{0.9577}=391.5(\mathrm{K})$$

$$p_2=\frac{p_2}{p_2^*}\times\frac{p_1^*}{p_1}\times p_1=\frac{0.5283\times 2\times 10^5}{0.8596}=1.22918\times 10^5(\mathrm{Pa})$$

$$v_2=c_2=\sqrt{kRT_2}=\sqrt{1.4\times 287.06\times 391.6}=396.7(\mathrm{m/s})$$

3-6　空气沿着先收缩后扩张管道流动时，在截面 1 处，空气流的静压 $p_1=6\times 10^5\mathrm{Pa}$，总温 $T_1^*=310\mathrm{K}$，速度系数 $\lambda_1=0.4$；在截面 2 处，空气流的静压 $p_2=1.457\times 10^5\mathrm{Pa}$。假设流动是绝能等熵的，求截面 2 处空气流的马赫数 Ma_2 和静温 T_2。

解　据 $\lambda_1=0.4$ 查附表 2（b），得

$$\pi(\lambda_1)=0.9097$$

因为流动是绝热等熵流动，所以

$$T_1^*=T_2^*,\qquad p_1^*=p_2^*$$

$$\pi(Ma_2)=\frac{p_2}{p_2^*}=\frac{p_2}{p_1}\times\frac{p_1}{p_1^*}=\frac{p_2}{p_1}\pi(\lambda_1)=\frac{1.457\times 10^5}{6\times 10^5}\times 0.9097=0.2209$$

据 $\pi(Ma_2)=0.2209$ 查附表 2（b），得

$$Ma_2=1.6423$$

$$\tau(Ma_2)=0.6496$$

$$T_2=T_2^*\tau(Ma_2)=T_1^*\tau(Ma_2)=310\times 0.6496=201(\mathrm{K})$$

3-7　已知空气流过扩张形管道时，进口处速度系数 $\lambda_1=0.8$，出口处总压为进口总压的 90%，进出口面积比 $A_1/A_2=0.8$，若流动过程是绝热压缩过程，求出口气流的速度系数 λ_2。

解　取扩张形管道进出口截面和内壁所包围的空间体积为控制体。对所取控制体施用连续方程，得

$$K\frac{p_1^*}{\sqrt{T_1^*}}A_1q(\lambda_1)=K\frac{p_2^*}{\sqrt{T_2^*}}A_2q(\lambda_2)$$

因为流动过程是绝能的，所以 $T_1^*=T_2^*$，

$$q(\lambda_2) = \frac{p_1^* A_1}{p_2^* A_2} q(\lambda_1)$$

据 $\lambda_1 = 0.8$ 查附表 2（b），得

$$q(\lambda_1) = 0.9518$$

代入上式，得

$$q(\lambda_2) = \frac{0.8 \times 0.9518}{0.9} = 0.8460$$

因为 $\lambda_1 < 1$，而 $A_2 > A_1$，所以 $\lambda_2 < 1$。据 $q(\lambda_2) = 0.8460$ 查附表 2（b），得

$$\lambda_2 = 0.64 + \frac{0.65 - 0.64}{0.8543 - 0.8459} \times (0.8460 - 0.8459) = 0.6401$$

第4章 膨 胀 波

4.1 内 容 提 要

膨胀波是超声速气流产生的一种重要现象，亚声速气流中不会出现膨胀波，为了说明造成这个结果的原因，本章先介绍了微弱扰动在气流中的传播，然后以此为基础，介绍了膨胀波的形成和特点、微弱压缩波的形成和特点、膨胀波和微弱压缩波的计算以及膨胀波的反射和相交，其中重要的基本概念、基本理论和基本方程如下。

1. 基本概念

1）马赫角

马赫锥的母线与来流速度方向之间的夹角称为马赫角。

2）膨胀波和微弱压缩波

膨胀波和微弱压缩波都是马赫波。如果气流穿过马赫波时发生了膨胀变化，压强和密度略有减小，速度略有增大，则这道马赫波称为膨胀波；如果气流通过马赫波时受到了微弱压缩，压强和密度略有增大，速度略有减小，则这道马赫波称为微弱压缩波。

3）左伸波和右伸波

对于一个站在波的发出点上、面向下游的观察者来说，位于他左侧的波称为左伸波（包括膨胀波和微弱压缩波），位于他右侧的波称为右伸波（包括膨胀波和微弱压缩波）。

2. 基本理论和基本方程

1）马赫角的计算公式

$$\alpha = \arcsin \frac{1}{Ma}$$

2）微弱扰动在气流中的传播规律

在亚声速气流中，微弱扰动可以逆流向上游传播，只要时间足够长，微弱扰动可以传遍整个流场；在超声速气流中，微弱扰动不能逆流向上游传播，只能在马赫锥内传播，马赫锥外的区域不受微弱扰动的影响。

3）气流穿过膨胀波和微弱压缩波的总温、总压变化

气流穿过膨胀波和微弱压缩波的过程是绝能等熵的，总温和总压不变，即 $T^* =$ 常数，$p^* =$ 常数。

4）气流穿过膨胀波和微弱压缩波的参数变化

气流穿过膨胀波时发生膨胀变化，它的密度、压强和温度略有减小，它的速度和马赫数略有增大。气流穿过微弱压缩波时受到微弱压缩，它的密度、压强、温度略有增大，它的速度和马赫数略有减少。

5）气流穿过膨胀波和微弱压缩波的方向变化

气流穿过膨胀波后方向向远离波面的方向折转了 $d\delta$ 角，气流穿过微弱压缩波后方向向波面方向折转了一个微小的角度 $d\delta$ 。

6）膨胀波和微弱压缩波的计算公式

对于左伸波（包括左伸膨胀波和左伸微弱压缩波），

$$\theta_2 - \theta_1 = \nu(Ma_1) - \nu(Ma_2)$$

对于右伸波（包括右伸膨胀波和右伸微弱压缩波），

$$\theta_2 - \theta_1 = \nu(Ma_2) - \nu(Ma_1)$$

7）平均马赫角

平均马赫角 $\bar{\alpha}$ 是波面与波前、波后气流平均方向之间的夹角，即

$$\bar{\alpha} = \arcsin\left(\frac{1}{\overline{Ma}}\right) = \arcsin\left(\frac{2}{Ma_1 + Ma_2}\right)$$

8）波前、波后气流的平均方向角

波前、波后气流的平均方向角为波前、波后气流方向角的平均值，即

$$\bar{\theta} = \frac{\theta_1 + \theta_2}{2}$$

9）膨胀波反射和相交的规律

膨胀波在直固体壁面上反射为膨胀波；膨胀波在自由边界上反射为微弱压缩波；膨胀波相交后仍为膨胀波，好像互相穿过去了一样。

3. 常用公式

1）马赫角的计算公式

$$\alpha = \arcsin\frac{1}{Ma}$$

2）膨胀波和微弱压缩波的计算公式

$$\theta_2 - \theta_1 = \nu(Ma_1) - \nu(Ma_2)$$

$$\theta_2 - \theta_1 = \nu(Ma_2) - \nu(Ma_1)$$

4. 常见问题

（1）不能正确判断什么地方产生什么波。解决这个问题的关键是要抓住超声速气流发生膨胀时要产生膨胀波，而超声速气流受到微小压缩时要产生微弱压缩波，因此流道截面积扩大的地方要产生膨胀波，流道截面积连续减小和有微小的突然减小的地方要产生微弱压缩波；压强降低的地方要产生膨胀波，压强有微小

升高的地方要产生微弱压缩波。此外还可通过流动方向的改变来判断，超声速气流改变流动方向时要产生波，如果波后气流相对波前气流向远离波面的方向折转了一个角度，则这道波为膨胀波；反之，如果波后气流相对波前气流向波面的方向折转了一个微小的角度，则这道波为微弱压缩波。

（2）在处理复杂波系问题时，分不清楚哪是左伸波，哪是右伸波，从而无法进行计算。出现这个问题的原因是没有掌握左伸波和右伸波的定义。它们的定义是：对于一个站在波的发出点上、面向下游的观察者来说，位于他左侧的波称为左伸波，位于他右侧的波称为右伸波。

4.2 典型题目解析

例 4.1 静温 $T_1 = 293\text{K}$、速度 $v_1 = 500\text{m/s}$ 的超声速空气沿平面壁流动，为了使其膨胀加速，并使静压 $p_2 = 0.498p_1$，求该平面壁应转折多大角度及膨胀波束后的气流马赫数和静温。

分析 利用气流穿过膨胀波的过程是绝能等熵过程的条件及已知的波后波前压强比可以求出波后静压与总压的比值，再查表和注意到壁面折转角与气流转折角大小相等的关系即可求出所需的全部参数。

解 $$Ma_1 = \frac{v_1}{c_1} = \frac{v_1}{\sqrt{kRT_1}} = \frac{500}{\sqrt{1.4 \times 287.06 \times 293}} = 1.457$$

据 $Ma_1 = 1.457$ 查附表 3，得

$$\nu(Ma_1) = 10 + \frac{11-10}{1.469-1.435} \times (1.457-1.435) = 10.6(°)$$

$$\pi(Ma_1) = 0.299 + \frac{0.285-0.299}{1.469-1.435} \times (1.457-1.435) = 0.290$$

$$\tau(Ma_1) = 0.708 + \frac{0.698-0.708}{1.469-1.435} \times (1.457-1.435) = 0.702$$

因为气流穿过膨胀波的过程是绝能等熵过程，$p_2^* = p_1^*$，$T_2^* = T_1^*$，所以

$$\frac{p_2}{p_2^*} = \frac{p_2}{p_1} \times \frac{p_1}{p_1^*} = 0.498 \times 0.290 = 0.144$$

据 $p_2/p_2^* = 0.144$ 查附表 3，得

$$Ma_2 = 1.914 + \frac{1.951-1.914}{0.138-0.146} \times (0.144-0.146) = 1.923$$

$$\nu(Ma_2) = 24 + \frac{25-24}{0.138-0.146} \times (0.144-0.146) = 24.3(°)$$

$$\tau(Ma_2) = 0.576 + \frac{0.568-0.576}{0.138-0.146} \times (0.144-0.146) = 0.574$$

$$T_2 = \frac{T_2}{T_2^*} \times \frac{T_1^*}{T_1} \times T_1 = \frac{\tau(Ma_2)}{\tau(Ma_1)} \times T_1 = \frac{0.574}{0.702} \times 293 = 240(\text{K})$$

因为本题只要求气流膨胀加速后静压 $p_2 = 0.498p_1$，并没有要求气流必须逆时针折转还是顺时针折转，所以计算可以用左伸波计算公式，也可以用右伸波计算公式。由右伸波计算公式，注意到壁面折转角与气流折转角大小相等的关系，得

$$\delta = \theta_2 - \theta_1 = \nu(Ma_2) - \nu(Ma_1) = 24.3 - 10.6 = 13.7(°)$$

【提示】 由膨胀波和微弱压缩波的计算公式可以看到，波后气流相对波前气流的折转角 $\theta_2 - \theta_1$ 是计算中不可避免的重要参数。在有壁面限制的情况下，因为波前、波后气流方向均平行于壁面，所以 $\theta_2 - \theta_1$ 的绝对值等于壁面折转角 δ，即 $|\theta_2 - \theta_1| = \delta$，计算中要注意利用这个条件。

例 4.2 求马赫数 $Ma_1 = 2.130$ 的空气流绕内凹曲壁顺时针方向转折 20° 后的马赫数 Ma_2 和压强比 p_2/p_1。

分析 根据气流的折转方向可以确定所产生的波是右伸微弱压缩波，再查表和利用气流穿过微弱压缩波的过程是绝能等熵过程的条件即可求出所需的全部参数。

解 据 $Ma_1 = 2.130$ 查附表 3，得

$$\nu(Ma_1) = 30°, \qquad \pi(Ma_1) = 0.1040$$

因为气流绕内凹曲壁顺时针方向折转了 20°，产生的波是右伸微弱压缩波系，所以

$$\theta_2 - \theta_1 = \nu(Ma_2) - \nu(Ma_1)$$

$$\nu(Ma_2) = \nu(Ma_1) + (\theta_2 - \theta_1) = 30 - 20 = 10(°)$$

据 $\nu(Ma_2) = 10°$ 查附表 3，得

$$Ma_2 = 1.435, \qquad \pi(Ma_2) = 0.299$$

因为气流穿过微弱压缩波的过程是绝能等熵过程，$p_2^* = p_1^*$，所以

$$\frac{p_2}{p_1} = \frac{p_2}{p_2^*} \times \frac{p_1^*}{p_1} = \frac{\pi(Ma_2)}{\pi(Ma_1)} = \frac{0.299}{0.1040} = 2.875$$

【提示】 在判断左伸微弱压缩波和右伸微弱压缩波时要注意，与膨胀波的情况相反，超声速气流顺时针方向折转时产生右伸微弱压缩波，超声速气流逆时针方向折转时产生左伸微弱压缩波，关于这一点从微弱压缩波图上可以看得很清楚。

例 4.3 超声速直匀空气流从平面喷管射出时，喷管出口截面上空气流的马赫数 $Ma_1 = 1.504$，压强 $p_1 = 2\times10^5\,\mathrm{Pa}$，喷管外界大气压强 $p_a = 0.5p_1$，求射流边界相对喷管轴线的偏斜角 δ 和波后气流马赫数 Ma_2。

分析 根据喷管出口气流压强和外界大气压强的大小关系可以确定喷管出口处波的性质和波的强度，再查表和利用左伸波或右伸波的计算公式即可求出所需参数。

解　据 $Ma_1 = 1.504$ 查附表 3，得

$$\nu(Ma_1) = 12°, \qquad \pi(Ma_1) = 0.271$$

因为超声速空气流由喷管排入大气后必须满足射流边界两侧静压相等的平衡条件，而本题的喷管出口气流压强高于外界大气压强，所以为了将气流压强降下来喷管出口要产生膨胀波，如图 4.1 所示，膨胀波的强度由波后气流压强等于大气压强决定，即 $p_2 = p_a$。又因为超声速气流穿过膨胀波的过程是绝能等熵过程，$p_2^* = p_1^*$，所以

$$\frac{p_2}{p_2^*} = \frac{p_2}{p_1} \times \frac{p_1}{p_1^*} = \frac{p_2}{p_1} \times \pi(Ma_1) = 0.5 \times 0.271 = 0.136$$

据 $p_2/p_2^* = 0.136$ 查附表 3，得

$$Ma_2 = 1.951 + \frac{1.988 - 1.951}{0.130 - 0.138} \times (0.136 - 0.138) = 1.960$$

$$\nu(Ma_2) = 25 + \frac{26 - 25}{0.130 - 0.138} \times (0.136 - 0.138) = 25.3(°)$$

考虑到流场的对称性，取喷管中心平面以上的上半个流场为计算对象。因为上半个流场中喷管出口处的波是右伸膨胀波，而射流边界相对喷管轴线的偏斜角 δ 等于气流的折转角 $\theta_2 - \theta_1$，所以

$$\delta = \theta_2 - \theta_1 = \nu(Ma_2) - \nu(Ma_1) = 25.3 - 12 = 13.3(°)$$

$\delta > 0$ 说明上半个流场的射流边界相对喷管轴线是向上折转的。因为流场是上下对称的，所以下半个流场的射流边界相对喷管轴线向下折转了 13.3°。

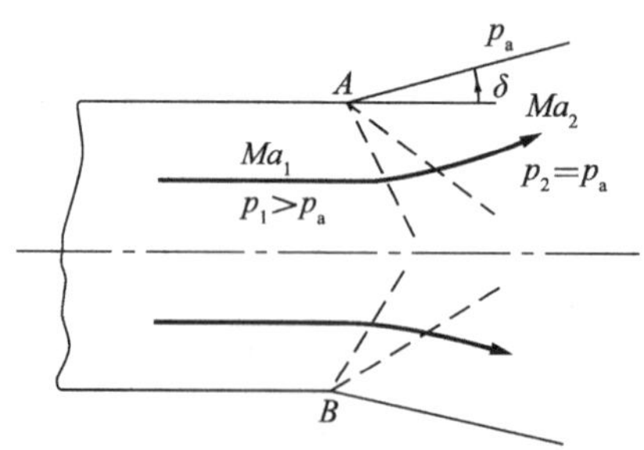

图 4.1　例 4.3 图

【提示】　膨胀波的分析计算中很重要的一点就是要会分析什么地方可以产生膨胀波。分析的主要依据是超声速气流发生膨胀变化时要产生膨胀波，因此哪里需要气流膨胀，哪里就有膨胀波，例如本题压强需要降低的地方，又例如流道截面积扩大的地方。

例 4.4　空气沿平面通道流动，如图 4.2 所示。已知截面 BC 处，压强 $p_1 = 1.3943 \times 10^5\,\text{Pa}$，速度系数 $\lambda_1 = 1.3$，气流方向角 $\theta_1 = 0°$，外部大气压强 $p_a =$

$1.0133\times10^5\,Pa$，通道的上壁面在 C 点向上折转了 2°，求②区、③区、④区气流的马赫数、压强和气流方向角。

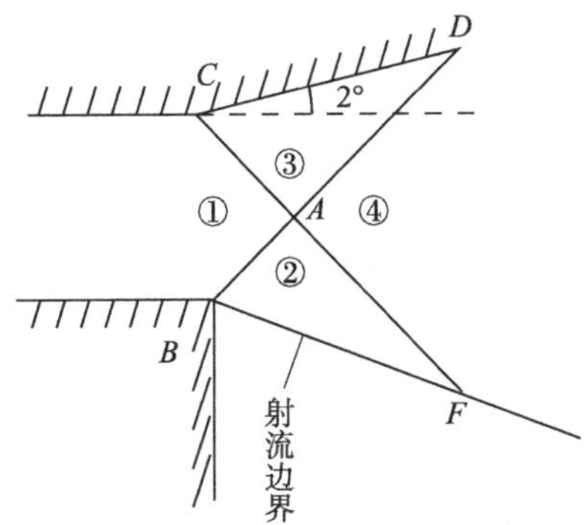

图 4.2　例 4.4 图

分析　根据流道截面面积扩大、压强降低的条件以及两波相交的结论可以判断波 CA、BA、AD 和 AF 为膨胀波，然后根据膨胀波的计算公式、射流边界两侧静压相等的条件以及上下两股气流汇合后必须满足方向一致和马赫数相等的平衡条件的要求即可求解此题。

解　由已知条件知，波 CA、BA、AD 和 AF 均为膨胀波。据 $\lambda_1=1.3$ 查附表 3，得

$$\nu(Ma_1)=9^\circ,\qquad \pi(Ma_1)=0.314$$

由图知 $\theta_3=2^\circ$。因为波 CA 为右伸膨胀波，所以

$$\theta_3-\theta_1=\nu(Ma_3)-\nu(Ma_1)$$

$$\nu(Ma_3)=\nu(Ma_1)+(\theta_3-\theta_1)=9+2=11(^\circ)$$

据 $\nu(Ma_3)=11^\circ$ 查附表 3，得

$$Ma_3=1.469,\qquad \pi(Ma_3)=0.285$$

由射流边界两侧静压相等的条件，得 $p_2=p_a=1.0133\times10^5\,Pa$。因为超声速气流穿过膨胀波的过程是绝能等熵过程，$p_2^*=p_1^*$，所以

$$\frac{p_2}{p_2^*}=\frac{p_2}{p_1}\times\frac{p_1}{p_1^*}=\frac{p_a}{p_1}\times\pi(Ma_1)=\frac{1.0133\times10^5}{1.3943\times10^5}\times0.314=0.228$$

据 $p_2/p_2^*=0.228$ 查附表 3，得

$$Ma_2=1.603+\frac{1.639-1.603}{0.222-0.234}\times(0.228-0.234)=1.621$$

$$\nu(Ma_2)=15+\frac{16-15}{0.222-0.234}\times(0.228-0.234)=15.5(^\circ)$$

因为波 BA 为左伸膨胀波，所以

$$\theta_2-\theta_1=\nu(Ma_1)-\nu(Ma_2)$$

$$\theta_2=\theta_1+\nu(Ma_1)-\nu(Ma_2)=0+9-15.5=-6.5(^\circ)$$

因为波 AD 为左伸膨胀波，波 AF 为右伸膨胀波，所以

$$\theta_4 - \theta_3 = \nu(Ma_3) - \nu(Ma_4)$$

$$\theta_4 - \theta_2 = \nu(Ma_4) - \nu(Ma_2)$$

联立求解这两个方程，得

$$\theta_4 = \frac{1}{2}[\theta_2 + \theta_3 + \nu(Ma_3) - \nu(Ma_2)] = \frac{1}{2}[-6.5 + 2 + 11 - 15.5] = -4.5(°)$$

$$\nu(Ma_4) = \frac{1}{2}[\theta_3 - \theta_2 + \nu(Ma_2) + \nu(Ma_3)] = \frac{1}{2}[2 + 6.5 + 15.5 + 11] = 17.5(°)$$

据 $\nu(Ma_4) = 17.5°$ 查附表 3，得

$$Ma_4 = \frac{1.673 + 1.705}{2} = 1.689, \qquad \pi(Ma_4) = \frac{0.211 + 0.201}{2} = 0.206$$

因为超声速气流穿过膨胀波的过程是绝能等熵过程，$p_4^* = p_3^* = p_1^*$，所以

$$p_3 = \frac{p_3}{p_3^*} \times \frac{p_1^*}{p_1} \times p_1 = \frac{\pi(Ma_3)}{\pi(Ma_1)} \times p_1 = \frac{0.285}{0.314} \times 1.3943 \times 10^5 = 1.2655 \times 10^5\,(\text{Pa})$$

$$p_4 = \frac{p_4}{p_4^*} \times \frac{p_1^*}{p_1} \times p_1 = \frac{\pi(Ma_4)}{\pi(Ma_1)} \times p_1 = \frac{0.206}{0.314} \times 1.3943 \times 10^5 = 0.9147 \times 10^5\,(\text{Pa})$$

【提示】 对于本题这种左伸波、右伸波并存的复杂波系问题，解题的关键在于：一要知道什么地方产生什么波，分析的依据是超声速气流发生膨胀变化时要产生膨胀波，超声速气流受到微小压缩时要产生微弱压缩波；二要能够正确判断波是左伸波还是右伸波，判断的依据是左伸波、右伸波定义；三要知道两股气流汇合后必须满足方向一致和静压相等（即马赫数相等）的平衡条件。

4.3 思考题解答

4.1 发动机喷管出口气流马赫数小于 1、等于 1 和大于 1 时，喷管内流动是否受飞行高度变化影响？为什么？

答 发动机喷管出口气流马赫数小于 1 时，喷管内流动受飞行高度影响；而发动机喷管出口气流马赫数等于 1 和大于 1 时，喷管内流动不受飞行高度影响。因为飞行高度变化引起的微弱扰动在亚声速气流中可以逆流向上游传播，传入喷管，使喷管内流动随之变化，而在声速和超声速气流中微弱扰动不能逆流向上游传播，传入喷管，所以发动机喷管出口气流马赫数小于 1 时，喷管内流动受飞行高度影响；而发动机喷管出口气流马赫数等于 1 和大于 1 时，喷管内流动不受飞行高度影响。

4.2 何为左伸膨胀波和右伸膨胀波？

答 对于一个站在波的发出点上、面向下游的观察者，位于他左侧的膨胀波称为左伸膨胀波，位于他右侧的膨胀波称为右伸膨胀波。

4.3 亚声速气流绕流外凸壁时可否产生膨胀波？为什么？

答 不能产生膨胀波。因为膨胀波是受扰动区域和未受扰动区域的分界面，而在亚声速气流中，微弱扰动可以传遍整个流场，不存在受扰动区域和未受扰动区域的分界面，所以亚声速气流绕流外凸壁时不能产生膨胀波。

4.4 气流穿过膨胀波后压强、温度、密度、速度、马赫数、总压和总温将如何变化？

答 因为气流穿过膨胀波时发生膨胀变化，且气流穿过膨胀波的过程是绝能等熵过程，所以气流穿过膨胀波后压强、温度、密度减小，速度和马赫数增大，总压和总温不变。

4.5 膨胀波的位置如何确定？其与波前气流马赫数有无关系？如有，是什么关系？

答 膨胀波的位置由马赫角 α 确定，马赫角与波前气流马赫数有下述关系：

$$\alpha = \arcsin \frac{1}{Ma}$$

4.6 膨胀波在自由边界上反射成什么波？为什么？

答 膨胀波在自由边界上反射为微弱压缩波。因为自由边界两侧静压相等，波前气流静压等于外界环境气体静压，而气流穿过膨胀波后静压要降低，为了满足自由边界两侧静压相等的平衡条件，气流必须发生压缩变化，结果在边界点处产生了一道微弱压缩波。

4.4 习题解答

4-1 如图 4.3 所示，一微弱扰动源在温度均匀的静止介质中以超声速运动，初始瞬时在 A 点，经过 2.15 秒运动到 B 点，若已知图中的 $H=1000\text{m}$，介质的声速 $c=336.43\text{m/s}$，求此微弱扰动源的运动速度和马赫数。

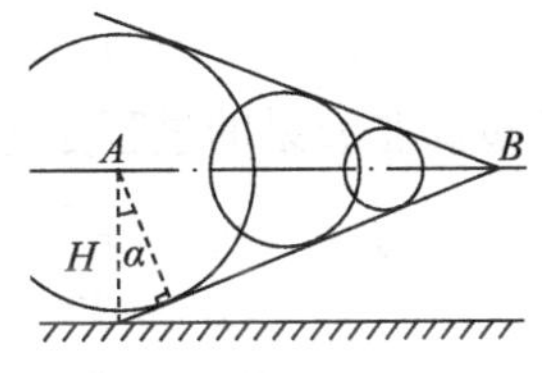

图 4.3 习题 4-1 图

解 由图知

$$\sin\alpha = \frac{\sqrt{H^2 - c^2 t^2}}{H} = \sqrt{1 - \left(\frac{ct}{H}\right)^2} = \frac{1}{Ma}$$

$$Ma = \frac{1}{\sqrt{1 - \left(\frac{336.43 \times 2.15}{1000}\right)^2}} = 1.45$$

$$v = Ma \times c = 1.45 \times 336.43 = 487.8(\text{m/s})$$

4-2 超声速空气流的 $p_1 = 1.013 \times 10^5 \text{Pa}$，$T_1 = 302\text{K}$，$v_1 = 500\text{m/s}$，求绕外钝角折转 15° 后的速度、温度和压强。

解 $$Ma_1 = \frac{v_1}{a_1} = \frac{v_1}{\sqrt{kRT_1}} = \frac{500}{\sqrt{1.4 \times 287.06 \times 302}} = 1.435$$

据 $Ma_1 = 1.435$ 查附表 3，得

$$\nu(Ma_1) = 10^\circ, \quad \tau(Ma_1) = 0.708, \quad \pi(Ma_1) = 0.299$$

因为超声速空气流绕外钝角时沿逆时针方向折转了 15°，所以产生的是右伸膨胀波系，

$$\theta_2 - \theta_1 = \delta = \nu(Ma_2) - \nu(Ma_1)$$

$$\nu(Ma_2) = \nu(Ma_1) + \delta = 10 + 15 = 25(^\circ)$$

据 $\nu(Ma_2) = 25^\circ$ 查附表 3，得

$$Ma_2 = 1.951, \quad \tau(Ma_2) = 0.568, \quad \pi(Ma_2) = 0.138$$

因为流动是绝能等熵的，$T_1^* = T_2^*$，$p_1^* = p_2^*$，所以

$$T_2 = \frac{T_2}{T_2^*} \times \frac{T_1^*}{T_1} \times T_1 = \frac{0.568 \times 302}{0.708} = 242.3(\text{K})$$

$$p_2 = \frac{p_2}{p_2^*} \times \frac{p_1^*}{p_1} \times p_1 = \frac{0.138 \times 1.013 \times 10^5}{0.299} = 0.46754 \times 10^5(\text{Pa})$$

$$v_2 = Ma_2 \times a_2 = Ma_2\sqrt{kRT_2} = 1.951 \times \sqrt{1.4 \times 287.06 \times 242.3} = 608.8(\text{m/s})$$

4-3 马赫数 $Ma_1 = 1.435$，静压 $p_1 = 0.1 \times 10^5$ Pa 的均匀超声速空气流绕外凸壁膨胀，逆时针方向折转了 20°，求膨胀波系后的气流马赫数 Ma_2 和压强 p_2。

解 据 $Ma_1 = 1.435$ 查附表 3，得 $\nu(Ma_1) = 10^\circ$，$\pi(Ma_1) = 0.299$。

因为空气流绕外凸壁膨胀逆时针方向折转了 20°，所以产生的膨胀波系是右伸膨胀波系，

$$\theta_2 - \theta_1 = \nu(Ma_2) - \nu(Ma_1)$$

得

$$\nu(Ma_2) = (\theta_2 - \theta_1) + \nu(Ma_1) = 20 + 10 = 30(^\circ)$$

据 $\nu(Ma_2) = 30^\circ$ 查附表 3，得 $Ma_2 = 2.130$，$\pi(Ma_2) = 0.1040$。因为气流流过膨胀波系的过程是绝能等熵的，$p_1^* = p_2^*$，所以

$$p_2 = \frac{p_2}{p_2^*} \times \frac{p_1^*}{p_1} \times p_1 = \frac{0.1040}{0.299} \times 0.1 \times 10^5 = 0.0348 \times 10^5(\text{Pa})$$

4-4 如图 4.4 所示，已知空气流的 $Ma_1 = 1.331$，$p_1 = 1.013 \times 10^5$ Pa，$\theta_1 = 0^\circ$，$\delta = 4^\circ$，求反射波 BC 和 CD 后气流的方向角、马赫数和压强。

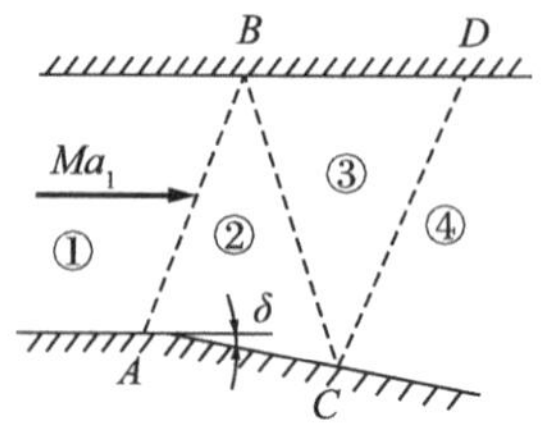

图 4.4 习题 4-4 图

解 据 $Ma_1 = 1.331$ 查附表 3，得

$$\nu(Ma_1) = 7^\circ, \quad \pi(Ma_1) = 0.346$$

因为气流由①区进入②区穿过的是左伸膨胀波，所以

$$\theta_2 - \theta_1 = \nu(Ma_1) - \nu(Ma_2)$$

而由图知

$$\theta_2 = -\delta = -4^\circ$$

故

$$\nu(Ma_2) = \nu(Ma_1) - (\theta_2 - \theta_1) = 7^\circ - (-4^\circ) = 11^\circ$$

因为气流由②区进入③区穿过的是右伸膨胀波，所以

$$\theta_3 - \theta_2 = \nu(Ma_3) - \nu(Ma_2)$$

而由图知 $\theta_3 = 0°$，$\theta_4 = -4°$，故

$$\nu(Ma_3) = \nu(Ma_2) + (\theta_3 - \theta_2) = 11° + 4° = 15°$$

据 $\nu(Ma_3) = 15°$ 查附表 3，得

$$Ma_3 = 1.603, \qquad \pi(Ma_3) = 0.234$$

因为气流由③区进入④区穿过的是左伸膨胀波，所以

$$\theta_4 - \theta_3 = \nu(Ma_3) - \nu(Ma_4)$$

$$\nu(M_4) = \nu(M_3) - (\theta_4 - \theta_3) = 15° + 4° = 19°$$

据 $\nu(M_4) = 19°$ 查附表 3，得

$$Ma_4 = 1.741, \qquad \pi(Ma_4) = 0.190$$

因为流穿过膨胀波过程是绝能等熵的，所以

$$p_1^* = p_2^* = p_3^* = p_4^*$$

$$p_3 = \frac{p_3}{p_3^*} \times \frac{p_1^*}{p_1} \times p_1 = \frac{0.234 \times 1.013 \times 10^5}{0.346} = 0.685 \times 10^5 (\text{Pa})$$

$$p_4 = \frac{p_4}{p_4^*} \times \frac{p_1^*}{p_1} \times p_1 = \frac{0.190 \times 1.013 \times 10^5}{0.346} = 0.556 \times 10^5 (\text{Pa})$$

4-5 如图 4.5 所示，已知 $\delta_1 = 2°$，$\delta_2 = 4°$，$Ma_1 = 1.257$，$p_1 = 1.0 \times 10^5 \text{Pa}$，求②、③、④区空气流的马赫数和压强。

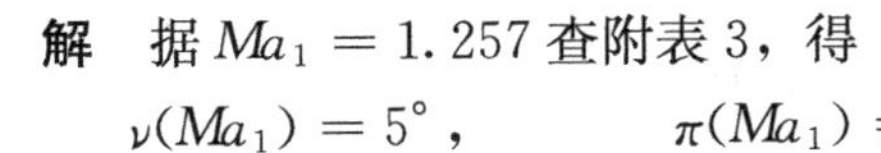

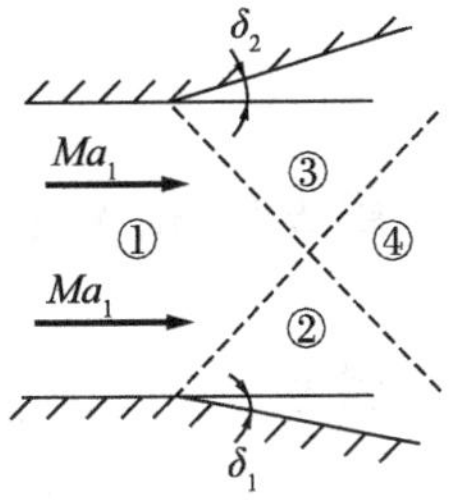

图 4.5 习题 4-5 图

解 据 $Ma_1 = 1.257$ 查附表 3，得

$$\nu(Ma_1) = 5°, \qquad \pi(Ma_1) = 0.383$$

因为 $\theta_2 - \theta_1 = \nu(Ma_1) - \nu(Ma_2)$

而 $\theta_2 - \theta_1 = -\delta_1 = -2°$

所以 $\nu(Ma_2) = \nu(Ma_1) - (\theta_2 - \theta_1) = 5° + 2° = 7°$

据 $\nu(Ma_2) = 7°$ 查附表 3，得

$$Ma_2 = 1.331, \qquad \pi(Ma_2) = 0.346$$

因为 $\theta_3 - \theta_1 = \nu(Ma_3) - \nu(Ma_1)$

而 $\theta_3 - \theta_1 = \delta_2 = 4°$

所以 $\nu(Ma_3) = \nu(Ma_1) + (\theta_3 - \theta_1) = 5° + 4° = 9°$

据 $\nu(Ma_3) = 9°$ 查附表 3，得

$$Ma_3 = 1.401, \qquad \pi(Ma_3) = 0.314$$

因为 $\theta_4 - \theta_2 = \nu(M_4) - \nu(M_2)$

$\theta_4 - \theta_3 = \nu(M_3) - \nu(M_4)$

所以

$$\nu(Ma_4) = \frac{1}{2}[\nu(Ma_2) + \nu(Ma_3) + (\theta_3 - \theta_1) - (\theta_2 - \theta_1)]$$

$$= [7° + 9° + 4° + 2°]/2 = 11°$$

据 $\nu(Ma_4) = 11^\circ$ 查附表 3，得

$$Ma_4 = 1.469, \qquad \pi(Ma_4) = 0.285$$

因为 $p_1^* = p_2^* = p_3^* = p_4^*$

所以
$$p_2 = \frac{p_2}{p_2^*} \times \frac{p_1^*}{p_1} \times p_1 = \frac{0.346 \times 1.0 \times 10^5}{0.383} = 0.903 \times 10^5 (\text{Pa})$$

$$p_3 = \frac{p_3}{p_3^*} \times \frac{p_1^*}{p_1} \times p_1 = \frac{0.314 \times 1.0 \times 10^5}{0.383} = 0.820 \times 10^5 (\text{Pa})$$

$$p_4 = \frac{p_4}{p_4^*} \times \frac{p_1^*}{p_1} \times p_1 = \frac{0.285 \times 1.0 \times 10^5}{0.383} = 0.744 \times 10^5 (\text{Pa})$$

4-6 如图 4.6 所示，空气流由管口喷入大气，已知 $Ma_1 = 1.401$，$\theta_1 = 0^\circ$，$p_1 = 1.25 \times 10^5$ Pa，$p_a = 1.0 \times 10^5$ Pa，求④区气流的方向角 θ_4、马赫数 Ma_4 和压强 p_4。

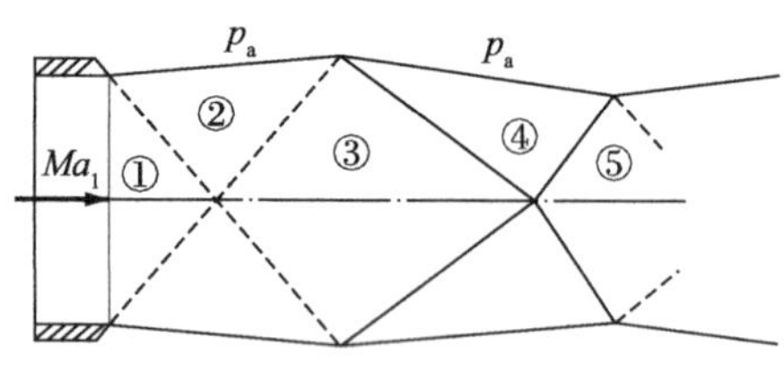

图 4.6 习题 4-6 图

解法 1 据 $Ma_1 = 1.401$ 查附表 3，得

$$\nu(Ma_1) = 9^\circ, \qquad \pi(Ma_1) = 0.314$$

因为 $p_2 = p_a = 1.0 \times 10^5 \text{ Pa}, \qquad p_2^* = p_1^*$

所以
$$\frac{p_2}{p_2^*} = \frac{p_2}{p_1} \times \frac{p_1}{p_1^*} = \frac{1.0 \times 10^5 \times 0.314}{1.25 \times 10^5} = 0.251$$

据 $\dfrac{p_2}{p_2^*} = 0.251$ 查附表 3，得

$$\nu(Ma_2) = 13^\circ + \frac{14^\circ - 13^\circ}{0.246 - 0.258} \times (0.251 - 0.258) = 13.6(^\circ)$$

因为 $\theta_2 - \theta_1 = \nu(Ma_2) - \nu(Ma_1)$

所以 $\theta_2 = \theta_1 + \nu(Ma_2) - \nu(Ma_1) = 0 + 13.6 - 9 = 4.6(^\circ)$

因为 $\theta_3 - \theta_2 = \nu(Ma_2) - \nu(Ma_3)$

而流场是关于喷管中心线对称的，$\theta_3 = 0^\circ$

所以 $\nu(Ma_3) = \nu(Ma_2) - (\theta_3 - \theta_2) = 13.6 + 4.6 = 18.2(^\circ)$

因为 $p_4 = p_a = p_2 = 1.0 \times 10^5 \text{Pa}, \qquad p_4^* = p_2^*$

所以
$$\frac{p_4}{p_4^*} = \frac{p_2}{p_2^*} = 0.251$$

$$\nu(Ma_4) = 13.6^\circ$$

由 $\dfrac{p_4}{p_4^*}=0.251$ 查附表3，得

$$Ma_4=1.536+\frac{1.569-1.536}{14-13}\times(13.6-13)=1.556$$

因为 $\theta_4-\theta_3=\nu(Ma_4)-\nu(Ma_3)$

所以 $\theta_4=\theta_3+\nu(Ma_4)-\nu(Ma_3)=13.6-18.2=-4.6(°)$

解法2 据 $Ma_1=1.401$ 查附表3，得

$$\nu(Ma_1)=9°,\qquad \pi(Ma_1)=0.314$$

因为 $p_1^*=p_2^*=p_3^*=p_4^*$， $p_4=p_a=p_2=1.0\times10^5\text{Pa}$

所以 $$\frac{p_4}{p_4^*}=\frac{p_2}{p_2^*}=\frac{p_2}{p_1}\times\frac{p_1}{p_1^*}=\frac{1.0\times10^5\times0.314}{1.25\times10^5}=0.251$$

查附表3，得

$$Ma_4=1.536+\frac{1.569-1.536}{0.246-0.258}\times(0.251-0.258)=1.555$$

$$\nu(Ma_4)=\nu(Ma_2)=13°+\frac{14°-13°}{0.246-0.258}\times(0.251-0.258)=13.6°$$

因为 $\theta_2-\theta_1=\nu(Ma_2)-\nu(Ma_1)$

$\theta_3-\theta_2=\nu(Ma_2)-\nu(Ma_3)$

$\theta_4-\theta_3=\nu(Ma_4)-\nu(Ma_3)$

所以 $\theta_4-2\theta_3+\theta_1=\nu(Ma_4)-2\nu(Ma_2)+\nu(Ma_1)$

而由图知 $\theta_3=\theta_1=0°$

故 $\theta_4=-\nu(Ma_2)+\nu(Ma_1)=-13.6+9=-4.6(°)$

第 5 章　激　　波

5.1　内 容 提 要

激波是超声速气流产生的一种重要现象，本章系统介绍了激波的特点、类型、形成、性质和计算方法，其中重要的基本概念、基本理论和基本方程如下。

1. 基本概念

1）正激波

波面与来流方向相垂直的激波称为正激波。

2）斜激波

波面与来流方向之间的夹角小于 90° 的激波称为斜激波。

3）曲线激波或弓形激波

波面呈曲线形，像一把弓一样的激波称为曲线激波或弓形激波。

4）附体激波和脱体激波

与物体有接触的激波称为附体激波，与物体没有接触的激波称为脱体激波。

5）波角

斜激波波面与来流方向之间的夹角 β 称为激波角，简称波角。

6）波阻

由激波引起的阻力称为激波阻力，简称波阻。

2. 基本理论和基本方程

1）普朗特方程

$$\lambda_1\lambda_2 = 1$$

式中，λ_1 和 λ_2 分别是静止正激波波前和波后气流的速度系数。

2）斜激波性质

斜激波是一种强压缩波，气流穿过斜激波后，方向向波面折转了 δ 角，同时气流参数发生了有限大小的变化，压强由 p_1 升高到了 p_2，马赫数由 Ma_1 减小到了 Ma_2。波后气流参数不再发生变化，波后流场是均匀的，流线是平行于壁面的直线。

3）气流穿过激波的总参数变化

气流穿过激波的过程是绝能过程，总温不变。

4）激波反射和相交的结论

激波在直固体壁面上反射为激波。激波在自由边界上反射为膨胀波。异侧激波相交后仍为激波，好像互相穿过去了一样。同侧激波 AD 和 BD 相交后，在交点要产生一道更强的激波 DE，此外根据具体情况在 D 点还要产生一道弱斜激波 DF 或一束膨胀波 DG。

5）锥面激波的产生条件

超声速气流流过锥形物体时，如果来流马赫数足够大，则可产生附着于锥体顶部的锥面激波。如果来流方向与锥体轴线一致，则产生的锥面激波与锥体共轴。

6）锥面激波强度

在相同顶角和相同来流马赫数的条件下，锥形物体产生的锥面激波要比楔形体产生的平面斜激波弱得多，锥面激波的波角要比平面斜激波的波角小得多。

7）气流穿过锥面激波后的变化

气流穿过锥面激波后不能立刻变成平行于锥面的均匀气流，波后气流参数还要继续变化，波后流线要继续折转，并以锥体母线为渐近线逐渐靠拢，在锥面激波和物面之间，气流沿流向经历了一个等熵压缩过程。

3. 常用公式

普朗特方程

$$\lambda_1\lambda_2 = 1$$

4. 常见问题

（1）直接用正激波表求解运动的正激波问题。这是错误的，正激波表只能求解静止的正激波问题，因为这个表是按照静止正激波波前波后气流参数关系算出来的，对于运动的正激波，必须先取相对坐标系将其转换成静止正激波，然后才能用正激波表进行计算。

（2）不能正确判断产生的波是微弱压缩波还是激波。解决这个问题的关键是要把握超声速气流受到无限小的微弱压缩时产生微弱压缩波，而超声速气流受到有限大小的压缩时产生激波。

（3）不能正确判断激波是附体激波还是脱体激波。事实上判断不难，对于给定马赫数的气流，实际要求的气流折转角大于给定马赫数下的最大气流折转角时产生脱体激波；对于给定的气流折转角，来流马赫数小于给定气流折转角下的最小马赫数时产生脱体激波。

5.2 典型题目解析

例 5.1 一正激波以速度 $v_s = 722.4\text{m/s}$ 在静止空气中运动，静止空气的压强为 $1\times10^5\text{Pa}$，温度为 294.4K，求相对静止观察者的波后空气流的马赫数、静压、静温和速度。

分析 因为正激波数值表只能求解静止的正激波问题，所以求解此题需先取相对坐标系，使激波静止不动，然后根据静止正激波的波前气流马赫数查正激波表，得到相应的波后气流参数，再根据静参数与坐标系无关的条件和坐标转换时的速度计算公式即可求出所需的全部参数。

解 取与正激波以相同速度运动的坐标系。相对于这个坐标系，激波是静止不动的，激波前的空气以速度 $v_1 = v_s = 722.4\text{m/s}$ 流向激波，因此激波前空气流的马赫数

$$Ma_1 = \frac{v_1}{\sqrt{kRT_1}} = \frac{722.4}{\sqrt{1.4\times287.06\times294.4}} = 2.10$$

据 $Ma_1 = 2.10$ 查附表 4，得

$$\frac{p_2}{p_1} = 4.9784,\quad \frac{v_1}{v_2} = 2.8119,\quad \frac{T_2}{T_1} = 1.7704$$

$$p_2 = 4.9784p_1 = 4.9784\times1\times10^5 = 4.9784\times10^5(\text{Pa})$$

$$v_2 = \frac{v_1}{2.8119} = \frac{722.4}{2.8119} = 256.9(\text{m/s})$$

$$T_2 = 1.7704T_1 = 1.7704\times294.4 = 521.2(\text{K})$$

因为静温和静压与坐标系无关，而速度和马赫数随坐标系的不同而不同，所以根据坐标转换时的速度变化，对于静止观察者，波后空气流的静压、静温、速度和马赫数分别为

$$p_B = p_2 = 4.9784\times10^5\text{Pa}$$

$$T_B = T_2 = 521.2\text{K}$$

$$v_B = v_s - v_2 = 722.4 - 256.9 = 465.5(\text{m/s})$$

$$Ma_B = \frac{v_B}{\sqrt{kRT_B}} = \frac{465.5}{\sqrt{1.4\times287.06\times521.2}} = 1.02$$

【提示】 求解正激波问题时需要特别注意的是：正激波数值表只能求解静止的正激波问题，因为这个数值表是按照静止正激波的计算公式算出来的。对于运动的正激波，一定要先取相对坐标系，使激波静止不动后，才能查正激波数值表进行计算。

例 5.2 马赫数 $Ma_1 = 3.0$ 的空气流过半顶角 $\delta = 14°$ 的楔形体时，产生了附体斜激波，求：(1) 波角 β、波后气流马赫数 Ma_2 及波后波前气流参数比 ρ_2/ρ_1、

T_2/T_1 和 p_2/p_1；(2) 为了使激波不离体，最大允许的楔形体半顶角 δ_{max}。

分析 由已知的波前气流马赫数和楔形体半顶角查斜激波表可以查得波角、波后气流马赫数、波后波前气流压强比和激波附体最大允许的楔形体半顶角，由波前、波后气流马赫数查一维等熵流气动函数表可以查得波后波前气流温度比，再根据气流穿过激波的特点和完全气体状态方程即可算出波后波前气流的温度比和密度比。

解 (1) 据 $Ma_1 = 3.0$ 和 $\delta = 14°$ 查附表 6，得

$$\beta = 31.22°, \quad p_2/p_1 = 2.654, \quad Ma_2 = 2.306$$

据 $Ma_1 = 3.0$，$Ma_2 = 2.306$ 查附表 2 (a)，得

$$\frac{T_1}{T_1^*} = 0.3571$$

$$\frac{T_2}{T_2^*} = 0.4859 + \frac{0.4837 - 0.4859}{2.31 - 2.30} \times (2.306 - 2.30) = 0.4846$$

因为气流穿过激波的过程是绝能过程，$T_1^* = T_2^*$，所以

$$\frac{T_2}{T_1} = \frac{T_2}{T_2^*} \times \frac{T_1^*}{T_1} = \frac{0.4846}{0.3571} = 1.3570$$

根据完全气体状态方程，$p = \rho RT$，

$$\frac{\rho_2}{\rho_1} = \frac{p_2}{p_1} \times \frac{T_1}{T_2} = \frac{2.654}{1.3570} = 1.9558$$

(2) 据 $Ma_1 = 3.0$ 查附表 6，得 $\delta_{max} = 34.07°$。

【提示】 求解斜激波问题时，除了使用斜激波表外，还要注意使用一维等熵流气动函数表，以求出更多的波后气流参数。给定波前气流马赫数下，激波附体时所允许的楔形体最大半顶角是斜激波表表 6 括号中的 δ 值。

例 5.3 如图 5.1 所示，超声速空气由平面喷管流出，已知 $Ma_1 = 2.5$，$p_1 = 0.4785 \times 10^5\,\mathrm{Pa}$，管外大气压强 $p_a = 1.0 \times 10^5\,\mathrm{Pa}$，求④区气流的方向角 θ_4、马赫数 Ma_4 和压强 p_4。

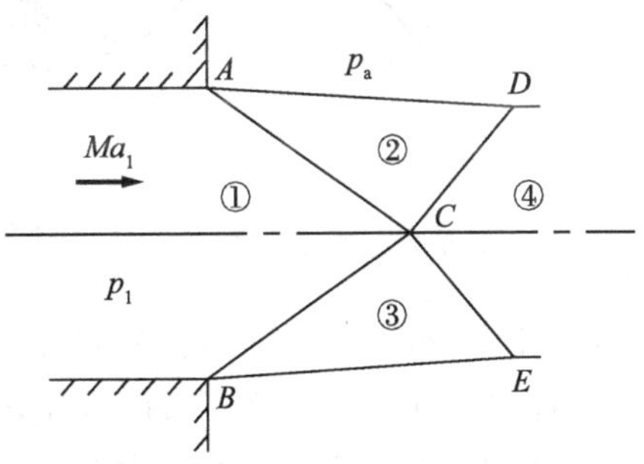

图 5.1 例 5.3 图

分析 因为喷管出口气流压强比外界大气压强低很多，而自由边界两侧气流必须满足静压相等的平衡条件，所以波 AC 和波 BC 是斜激波。又由斜激波相交的结论可知，波 CD 和波 CE 也是斜激波。然后利用自由边界两侧静压相等的平衡条件、流场对称的条件及斜激波表即可求出所需全部参数。

解 由自由边界两侧静压相等的平衡条件得

$$p_2 = p_a = 1.0 \times 10^5 (\text{Pa})$$

$$\frac{p_2}{p_1} = \frac{1.0 \times 10^5}{0.4785 \times 10^5} = 2.090$$

据 $Ma_1 = 2.5$ ，$\frac{p_2}{p_1} = 2.090$ 查附表 6，得

$$Ma_2 = 2.002 , \qquad \delta_{12} = 12^\circ$$

因为流场是关于喷管中心平面对称的，所以 $\theta_4 = \theta_1 = 0^\circ$ 。据 $Ma_2 = 2.002$ ，$\delta_{24} = 12^\circ$ 查附表 6，得

$$Ma_4 = 1.565 + \frac{1.656 - 1.565}{2.10 - 2.00} \times (2.002 - 2.00) = 1.567$$

$$\frac{p_4}{p_2} = 1.888 + \frac{1.923 - 1.888}{2.10 - 2.00} \times (2.002 - 2.00) = 1.889$$

$$p_4 = \frac{p_4}{p_2} \times \frac{p_2}{p_1} \times p_1 = 1.889 \times 2.090 \times 0.4785 \times 10^5 = 1.8891 \times 10^5 (\text{Pa})$$

【提示】 根据超声速气流发生膨胀时要产生膨胀波和受到有限大小压缩时要产生激波的结论，气流流出管道时，如果管道出口处气流压强低于外界气体压强一个有限值，则在管道出口处要产生斜激波；反之，如果管道出口处气流压强高于外界气体压强，则在管道出口处要产生膨胀波。这是非常重要的一个推论，其在工程实践波的分析中用得很多。

例 5.4 如图 5.2 所示，超声速空气流过两无摩擦的平行平壁时，①区气流的马赫数 $Ma_1 = 3.0$ ，温度 $T_1 = 300\text{K}$ ，外界大气压强 $p_a = 1.0133 \times 10^5 \text{Pa}$ ，下壁面在 A 处向上折转的角度 $\delta = 20^\circ$ ，上壁面处 BCD 是自由边界，空气的气体常数 $R = 287.06 \text{J/(kg} \cdot \text{K)}$，求入射波和反射波后气流的马赫数、压强、温度、密度和气流方向角。

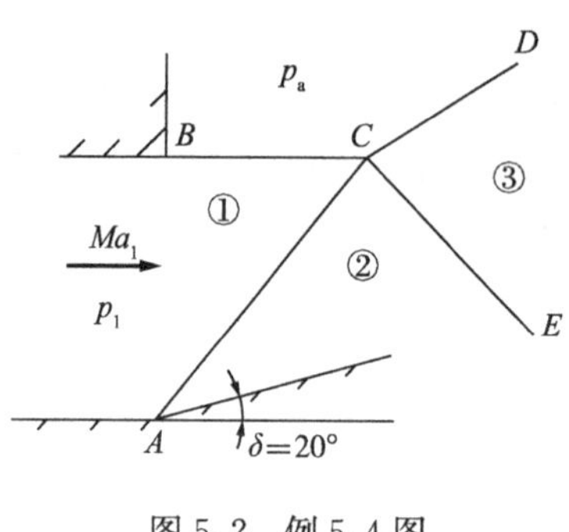

图 5.2 例 5.4 图

分析 由于下壁面在 A 处向上折转了 20° ，所以 A 处要产生一道斜激波 AC ；斜激波在自由边界上反射成膨胀波，所以波 CE 是膨胀波。判断了波的性质之后，再利用自由边界两侧静压相等、入射波后气流方向平行于下壁面、气流穿过激波和膨胀波的过程中总温不变等条件和斜激波表、一维等熵流气动函数表、膨胀波表即可求出所需全部参数。

解 由自由边界两侧静压相等的平衡条件得 $p_1 = p_a = 1.0133 \times 10^5 \text{Pa}$ 。据 $Ma_1 = 3.0$ 查附表 2 (a)，得

$$\frac{T_1}{T_1^*} = 0.3571$$

因为波 AC 是斜激波，而波后气流方向平行于下壁面，所以入射波后气流的

方向角 $\theta_2=\delta=20°$。据 $Ma_1=3.0$ 和 $\delta=20°$ 查附表 6，得

$$\frac{p_2}{p_1}=3.771\,,\qquad Ma_2=1.994$$

$$p_2=\frac{p_2}{p_1}\times p_1=3.771\times 1.0133\times 10^5=3.82115\times 10^5(\text{Pa})$$

据 $Ma_2=1.994$ 查附表 2 (a)，得

$$\frac{p_2}{p_2^*}=0.1298+\frac{0.1278-0.1298}{2.00-1.99}\times(1.994-1.99)=0.129$$

$$\frac{T_2}{T_2^*}=0.5580+\frac{0.5556-0.5580}{2.00-1.99}\times(1.994-1.99)=0.5570$$

因为波 CE 是膨胀波，所以 $p_3^*=p_2^*$；又因为自由边界两侧静压相等，$p_3=p_a=1.0133\times10^5\text{Pa}$，故

$$\frac{p_3}{p_3^*}=\frac{p_a}{p_2^*}=\frac{p_1}{p_2}\times\frac{p_2}{p_2^*}=\frac{0.129}{3.771}=0.0342$$

据 $p_3/p_3^*=0.0342$ 查附表 2 (a)，得

$$Ma_3=2.85\,,\qquad \frac{T_3}{T_3^*}=0.3810$$

据 $Ma_3=2.85$ 查附表 3，得

$$\nu(Ma_2)=26+\frac{27-26}{2.028-1.988}\times(1.994-1.988)=26.2(°)$$

$$\nu(Ma_3)=46+\frac{47-46}{2.869-2.816}\times(2.85-2.816)=46.6(°)$$

因为气流穿过激波和膨胀波的过程是绝能的，$T_1^*=T_2^*=T_3^*$，所以

$$T_2=\frac{T_2}{T_2^*}\times\frac{T_1^*}{T_1}\times T_1=\frac{0.5570}{0.3571}\times 300=467.9(\text{K})$$

$$T_3=\frac{T_3}{T_3^*}\times\frac{T_1^*}{T_1}\times T_1=\frac{0.3810}{0.3571}\times 300=320(\text{K})$$

$$\rho_2=\frac{p_2}{RT_2}=\frac{3.82115\times10^5}{287.06\times467.9}=2.845(\text{kg/m}^3)$$

$$\rho_3=\frac{p_3}{RT_3}=\frac{1.0133\times10^5}{287.06\times320}=1.103(\text{kg/m}^3)$$

因为波 CE 是右伸膨胀波，所以

$$\theta_3-\theta_2=\nu(M_3)-\nu(M_2)=46.6°-26.2°=20.4°$$

$$\theta_3=\theta_3-\theta_1=\theta_3-\theta_2+(\theta_2-\theta_1)=20.4°+20°=40.4°$$

【提示】 这是一个激波和膨胀波的综合性题目，对于波的题目，如果题中没有说明波的性质，即波是激波还是膨胀波，则要先进行判断，否则无法正确进行计算。

例 5.5 如图 5.3 所示，马赫数 $Ma_1=2.5$，压强 $p_1=1\times10^5\text{Pa}$ 的空气流

过一个三角形翼型，(1) 画出翼型周围的流动图谱（包括波和流线，膨胀波用虚线表示，激波用实线表示）；(2) 求翼型表面②区、③区、④区气流的马赫数 Ma_2、Ma_3、Ma_4 和压强 p_2、p_3、p_4。

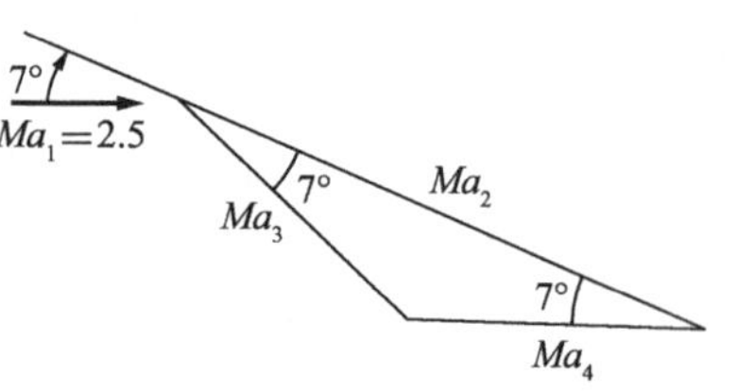

图 5.3　例 5.5 图

分析　先确定何处产生何波，画出流动图谱，然后才能进行计算。由于受翼型表面限制，翼面上的气流方向平行于翼型表面，所以气流由①区进入②区流道截面积扩大了，翼面上气流方向转折处要产生膨胀波；气流由①区进入③区流道截面积减小了一个有限大小的值，翼面上气流方向转折处要产生斜激波；气流由③区进入④区流道截面积扩大了，翼面上气流方向转折处要产生膨胀波。此外，由于上下两股气流汇合后必须满足方向一致和静压相等的平衡条件，而气流穿过激波后方向向波面方向折转，气流穿过膨胀波后方向向远离波面的方向折转，所以在翼型上表面末端要产生斜激波，在翼型下表面末端要产生膨胀波，结果就形成了如图 5.4 所示的流动图谱。

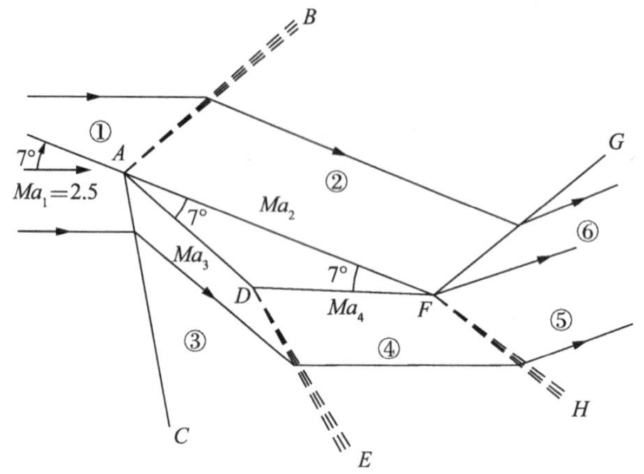

图 5.4　例 5.5 的流动图谱

解　因为波 AB 是左伸膨胀波，

$$\theta_2-\theta_1=\nu(Ma_1)-\nu(Ma_2)$$

而由流动图谱知，$\theta_2-\theta_1=-7^\circ$。据 $Ma_1=2.5$ 查附表 3，得

$$\nu(Ma_1)=39+\frac{40-39}{2.539-2.498}\times(2.5-2.498)=39.05(^\circ)$$

$$\frac{p_1}{p_1^*}=0.0590+\frac{0.0552-0.0590}{2.539-2.498}\times(2.5-2.498)=0.0588$$

所以　$$\nu(Ma_2)=\nu(Ma_1)-(\theta_2-\theta_1)=39.05+7=46.05^\circ$$

据 $\nu(Ma_2)=46.05^\circ$ 查附表 3，得

$$Ma_2 = 2.816 + \frac{2.869 - 2.816}{47 - 46} \times (46.05 - 46) = 2.8187$$

$$\frac{p_2}{p_2^*} = 0.0360 + \frac{0.0334 - 0.0360}{47 - 46} \times (46.05 - 46) = 0.0359$$

因为气流穿过膨胀波的过程是绝能等熵过程，总压不变，$p_2^* = p_1^*$ ，所以

$$p_2 = \frac{p_2}{p_2^*} \times \frac{p_1^*}{p_1} \times p_1 = \frac{0.0359 \times 1 \times 10^5}{0.0588} = 0.61054 \times 10^5 (\text{Pa})$$

据 $Ma_1 = 2.50$ ，$\delta = 14^\circ$ 查附表 6，得

$$\frac{p_3}{p_1} = 2.336\text{ ,} \qquad Ma_3 = 1.917$$

$$p_3 = 2.336 p_1 = 2.336 \times 10^5 (\text{Pa})$$

因为波 DE 是右伸膨胀波

$$\theta_4 - \theta_3 = \nu(Ma_4) - \nu(Ma_3)$$

而由流动图谱知，$\theta_4 - \theta_3 = 14^\circ$ 。据 $Ma_3 = 1.917$ 查附表 3，得

$$\nu(M_3) = 24 + \frac{25 - 24}{1.951 - 1.914} \times (1.917 - 1.914) = 24.08(^\circ)$$

$$\frac{p_3}{p_3^*} = 0.146 + \frac{0.138 - 0.146}{1.951 - 1.914} \times (1.917 - 1.914) = 0.1395$$

所以 $\qquad \nu(Ma_4) = \nu(Ma_3) + (\theta_4 - \theta_3) = 24.08 + 14 = 38.08(^\circ)$

据 $\nu(Ma_4) = 38.08^\circ$ 查附表 3，得

$$Ma_4 = 2.454 + \frac{2.498 - 2.454}{39 - 38} \times (38.08 - 38) = 2.458$$

$$\frac{p_4}{p_4^*} = 0.063 + \frac{0.0590 - 0.063}{39 - 38} \times (38.08 - 38) = 0.0627$$

因为气流穿过膨胀波的过程是绝能等熵过程，总压不变，$p_4^* = p_3^*$ ，所以

$$p_4 = \frac{p_4}{p_4^*} \times \frac{p_3^*}{p_3} \times \frac{p_3}{p_1} \times p_1 = \frac{0.0627 \times 2.336 \times 1 \times 10^5}{0.1395} = 1.04994 \times 10^5 (\text{Pa})$$

【提示】 流动图谱是激波、膨胀波学习中必须掌握的内容。正确绘制流动图谱的关键是要掌握超声速气流受到有限大小压缩时要产生激波，超声速气流发生膨胀变化时要产生膨胀波，因此流道截面积减小有限大小的值时要产生激波，流道截面积扩大时要产生膨胀波，如本题；压强升高有限大小的值时要产生激波，压强降低时要产生膨胀波，如例 5.3。此外还可通过流动方向的改变判断波的性质，流动方向向波面方向折转有限大小角度时产生的波是激波，流动方向向远离波面的方向折转时产生的波是膨胀波，如本题；还可利用波的反射和相交中的结论来判断波的性质，如例 5.4。

5.3 思考题解答

5.1 正激波波前气流速度系数 $\lambda_1 = 2$ 时，波后气流速度系数 $\lambda_2 = 1$，这种说

法对吗？为什么？

答 这种说法不对。因为静止正激波波前、波后气流速度系数的关系由普朗特方程给出，$\lambda_1\lambda_2=1$，而本题没说该正激波是运动的还是静止的。如果该正激波是运动的，则需取相对坐标系将其转换成静止正激波后才能计算波后气流速度系数；如果该正激波是静止的，则按照普朗特方程 $\lambda_2=1/\lambda_1=0.5$。

5.2 气流流过内折壁时，能不能产生波？若能，能产生什么波？为什么？

答 亚声速气流流过内折壁时，不能产生波，因为波是受扰动区域和未受扰动区域的分界面，而在亚声速气流中扰动可以传遍整个流场，不存在受扰动区域和未受扰动区域的分界面。超声速气流流过折转角无限小的内折壁时，在壁面折转处要产生一道微弱压缩波，因为壁面的无限小折转，使气流受到了微弱的压缩作用。超声速气流流过有限大小折转角的内折壁时，如果来流马赫数足够大，则在壁面折转处要产生一道附体斜激波；如果来流马赫数不够大，则在壁面折转前要产生一道脱体激波，因为壁面的有限大小折转，使气流受到了有限大小的压缩作用。

5.3 气流穿过斜激波后压强、温度、密度、速度、马赫数、总压和总温将如何变化？增大激波角上述参数将如何变化？为什么？

答 因为激波是强压缩波，且气流穿过激波的过程是绝能不等熵过程，所以气流穿过斜激波后压强、温度、密度要增大有限大小的值，速度和马赫数要减小有限大小的值，总温不变，总压要降低有限大小的值。因为激波强度随激波角的增大而增强，所以随着激波角的增大，波后压强、温度、密度将增大得更多，速度和马赫数将减小得更多，总温不变，总压将降低得更多。

5.4 超声速气流绕流楔形体时，若要激波附体，需满足什么条件？

答 对于给定马赫数的超声速气流，若要激波附体，气流的折转角必须小于给定马赫数下的最大气流折转角；对于给定半顶角的楔形体，若要激波附体，来流马赫数必须大于给定楔形体半顶角下的最小来流马赫数。

5.5 因为正激波波后气流马赫数小于1，而斜激波也是激波，所以斜激波波后气流马赫数也一定小于1。这种说法对吗？为什么？

答 不对。因为斜激波有强斜激波和弱斜激波两种，虽然强斜激波波后气流马赫数都是小于1的，波后气流是亚声速气流，但弱斜激波波后气流马赫数却可以大于1，这一点由斜激波波后气流马赫数的斜激波曲线图可以看得很清楚。

5.6 激波阻力的大小由什么决定？如何减小激波阻力？为什么？

答 激波阻力的大小取决于激波强度，激波强度越高，激波阻力越大。给定来流马赫数下，减小激波阻力的有效办法是减小物面折转角，因为物面折转角越小，物体对超声速气流的压缩作用越小，形成的激波的强度越低。

5.7 因为波在直固体壁面上反射时性质不变，所以斜激波在直固体壁面上反射成斜激波。这种说法对吗？为什么？

答 不对。斜激波与膨胀波不同，斜激波在直固体壁面上能不能反射成斜激波取决于波前气流马赫数大小。波前气流马赫数足够大时，斜激波在直固体壁面上产生正常反射，反射波为斜激波；波前气流马赫数不够大时，斜激波在直固体壁面上产生非正常反射，即马赫反射，反射波为曲线激波。

5.8 相同顶角和相同来流马赫数的条件下，锥形物体产生的锥面激波和楔形体产生的平面斜激波哪个强度高？为什么？

答 相同顶角和相同来流马赫数的条件下，锥形物体产生的锥面激波要比楔形体产生的平面斜激波弱得多，这是因为楔形体的横向尺寸是无限长的，气流流过楔形体时，只能从楔形体的上面和下面流过去，而锥体的横向尺寸是有限长的，气体可以从锥体的四周流过去，这就使得锥体对气流的压缩要比楔形体对气流的压缩小得多，压缩小，产生的激波就弱，所以在相同顶角和相同来流马赫数下，锥体产生的锥面激波要比楔形体产生的平面斜激波弱得多。

5.9 若锥体产生的附体锥面激波后表面上气流的总压 $p_2^*=2\times10^5\text{Pa}$，则锥体表面上气流的总压 p_s^* 是多少？为什么？

答 锥体表面上气流的总压 $p_s^*=p_2^*=2\times10^5\text{Pa}$，因为在锥面激波和锥体表面之间，气流沿流向经历的是绝能等熵压缩过程，总压不变。

5.4 习题解答

5-1 空气流过一等截面管道时，在截面 1 处产生了一道正激波，波前气流压强 $p_1=6.9\times10^4\text{Pa}$，温度 $T_1=670\text{K}$，速度 $v_1=915\text{m/s}$，求波后气流的压强、温度和速度。

解
$$Ma_1=\frac{v_1}{\sqrt{kRT_1}}=\frac{915}{\sqrt{1.4\times287.06\times670}}=1.763$$

据 $Ma_1=1.763$ 查附表 4，得

$$\frac{v_1}{v_2}=2.2952+\frac{2.3113-2.2952}{1.77-1.76}\times(1.763-1.76)=2.3000$$

$$\frac{T_2}{T_1}=1.5019+\frac{1.5093-1.5019}{1.77-1.76}\times(1.763-1.76)=1.5041$$

$$\frac{p_2}{p_1}=3.4472+\frac{3.4884-3.4472}{1.77-1.76}\times(1.763-1.76)=3.4596$$

$$p_2=3.4596\times6.9\times10^4=2.38712\times10^5(\text{Pa})$$

$$T_2=1.5041\times670=1007.8(\text{K})$$

$$v_2=\frac{915}{2.3}=397.8(\text{m/s})$$

5-2 空气进入扩压进气道时在进气道前产生了一道正激波，测得进气道进口截面处空气流的速度 $v_2=260\text{m/s}$，总温 $T_2^*=400\text{K}$，求波前气流速度 v_1、静温 T_1 和波后气流静温 T_2 及总压恢复系数 $\sigma=p_2^*/p_1^*$。

解 $\lambda_2=\frac{v_2}{c_{cr2}}=\frac{v_2}{\sqrt{\frac{2k}{k+1}RT_2^*}}=\frac{260}{\sqrt{\frac{2\times1.4}{1.4+1}\times287.06\times400}}=0.710$

由 $\lambda_2=0.710$ 查附表2（b），得

$$Ma_2=0.6772\,,\qquad \tau(\lambda_2)=0.9160$$

因为 $$T_2^*=T_1^*$$

所以 $$T_2=T_2^*\tau(\lambda_2)=T_1^*\tau(\lambda_2)=400\times0.9160=366.4(\mathrm{K})$$

由 $Ma_2=0.6772$ 查附表4，得

$$\frac{v_1}{v_2}=1.9812+\frac{1.9981-1.9812}{0.67455-0.67768}\times(0.6772-0.67768)=1.9838$$

$$\frac{T_2}{T_1}=1.3674+\frac{1.3742-1.3674}{0.67455-0.67768}\times(0.6772-0.67768)=1.3684$$

$$\frac{p_2^*}{p_1^*}=0.90615+\frac{0.90255-0.90615}{0.67455-0.67768}\times(0.6772-0.67768)=0.90560$$

$$v_1=1.9838v_2=1.9838\times260=515.8(\mathrm{m/s})$$

$$T_1=\frac{T_2}{1.3684}=\frac{366.4}{1.3684}=267.8(\mathrm{K})$$

5-3　$v_1=600\mathrm{m/s}$，$T_1=224\mathrm{K}$ 的空气在楔形体上产生了 $\beta=45^\circ$ 的斜激波，求波后气流的速度和楔形体的顶角。

解 $Ma_1=\frac{v_1}{\sqrt{kRT_1}}=\frac{600}{\sqrt{1.4\times287.06\times224}}=2.00$

据 $Ma_1=2.00$，$\beta=45^\circ$ 查附表5，得

$$\delta=13^\circ11'+\frac{15^\circ29'-13^\circ11'}{46-43}\times(45-43)=15^\circ3'$$

$$Ma_2=1.519+\frac{1.426-1.519}{46-43}\times(45-43)=1.457$$

$$\frac{p_2}{p_1}=2.004+\frac{2.248-2.004}{46-43}\times(45-43)=2.167$$

$$\frac{\rho_1}{\rho_2}=0.6146+\frac{0.5693-0.6146}{46-43}\times(45-43)=0.5844$$

因为 $$p_1=\rho_1RT_1\,,\qquad p_2=\rho_2RT_2$$

所以 $$T_2=\frac{p_2}{p_1}\times\frac{\rho_1}{\rho_2}\times T_1=2.167\times0.5844\times244=283.7(\mathrm{K})$$

$$v_2=M_2\sqrt{kRT_2}=1.457\times\sqrt{1.4\times287.06\times283.7}=492(\mathrm{m/s})$$

楔形体的顶角 $=2\delta=2\times15^\circ3'=30^\circ6'$

5-4　马赫数 $Ma_1=2.5$ 的空气流过半顶角 $\delta=10^\circ$ 的楔形体时，产生了附体斜激波，（1）求波角 β、波后气流马赫数 Ma_2 及波后波前气流的密度比 ρ_2/ρ_1、温度比 T_2/T_1、压强比 p_2/p_1；（2）求对于 $Ma_1=2.5$，为了使激波不离体，最大允

许的楔形体半顶角 δ_{max}。

解 据 $Ma_1 = 2.5$ 和 δ=10°查附表 6，得

$$\beta = 31.85°, \qquad p_2/p_1 = 1.864, \qquad Ma_2 = 2.086$$

据 $Ma_1 = 2.5$ 和 $Ma_2 = 2.086$ 查附表 2 (a)，得

$$\frac{T_1}{T_1^*} = 0.4444$$

$$\frac{T_2}{T_2^*} = 0.5361 + \frac{0.5337 - 0.5361}{2.09 - 2.08} \times (2.086 - 2.08) = 0.5347$$

因为气流穿过激波的过程是绝能过程，$T_1^* = T_2^*$ ，所以

$$\frac{T_2}{T_1} = \frac{T_2}{T_2^*} \times \frac{T_1^*}{T_1} = \frac{0.5347}{0.4444} = 1.2032$$

根据完全气体状态方程，$p = \rho RT$ ，所以

$$\frac{\rho_2}{\rho_1} = \frac{p_2}{p_1} \times \frac{T_1}{T_2} = \frac{1.864}{1.2032} = 1.5492$$

据 $Ma_1 = 2.5$ 查附表 6，得 $\delta_{max} = 29.80°$

5-5 如图 5.5 所示，在 $Ma_1 = 2.5$ 的超声速风洞中，顶角为 12°尖劈上的激波在壁面上能否正常反射？若能，求 Ma_2、Ma_3 和 p_3/p_1。

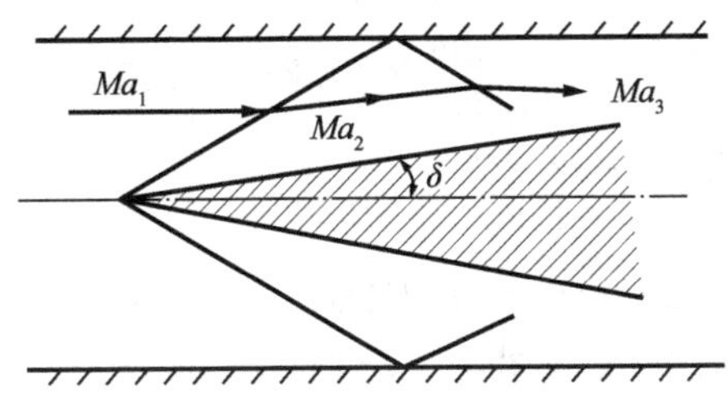

图 5.5 习题 5-5 图

解 由题意知 $\delta = 6°$ 。据 $Ma_1 = 2.5$ ，$\delta_{12} = 6°$ 查附表 6，得

$$p_2/p_1 = 1.468 , \qquad Ma_2 = 2.251$$

据 $Ma_2 = 2.251$ 查附表 6，得

$$\delta_{max} = 26.10 + \frac{27.45 - 26.10}{2.30 - 2.20} \times (2.251 - 2.20) > \delta$$

所以激波在壁面上可以正常反射。由 $Ma_2 = 2.251$ ，$\delta_{23} = 6°$ 查附表 6，得

$$Ma_3 = 1.974 + \frac{2.067 - 1.974}{2.30 - 2.20} \times (2.251 - 2.20) = 2.021$$

$$\frac{p_3}{p_2} = 1.417 + \frac{1.434 - 1.417}{2.30 - 2.20} \times (2.251 - 2.20) = 1.426$$

$$\frac{p_3}{p_1} = \frac{p_3}{p_2} \times \frac{p_2}{p_1} = 1.426 \times 1.468 = 2.093$$

5-6 如图 5.6 所示，超声速空气流以马赫数 $Ma_1 = 2.5$ 流出管口，管口处

的压强 $p_1=0.3891\times10^5$ Pa，外界大气压强 $p_a=1.0133\times10^5$ Pa，求④区气流的马赫数 Ma_4 和压强 p_4。

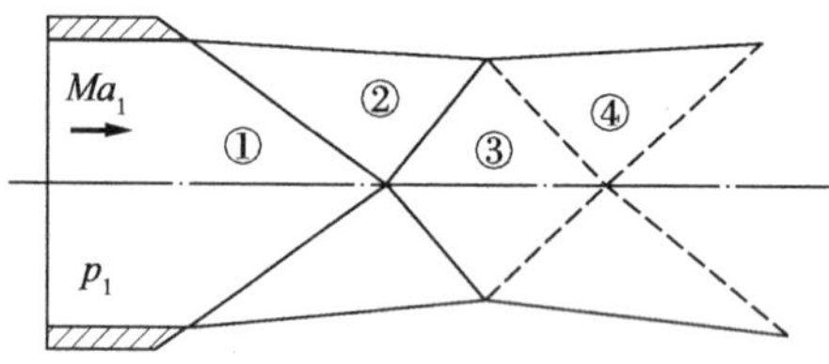

图 5.6　习题 5-6 图

解　由自由边界两侧静压相等的平衡条件，得

$$p_2 = p_4 = p_a = 1.0133 \times 10^5 (\text{Pa})$$

所以

$$\frac{p_2}{p_1} = \frac{p_a}{p_1} = \frac{1.0133 \times 10^5}{0.3891 \times 10^5} = 2.604$$

据 $Ma_1 = 2.5$，$p_2/p_1 = 2.604$ 查附表 6，得

$$Ma_2 = 1.830, \qquad \delta_{12} = 16^\circ$$

由流场对称的条件知，$\theta_3 = 0^\circ$，所以气流由②区进入③区折转的角度 $\delta_{23} = 16^\circ$。据 $Ma_2 = 1.830$，$\delta_{23} = 16^\circ$ 查附表 6，得

$$Ma_3 = 1.196 + \frac{1.252 - 1.196}{1.85 - 1.80} \times (1.83 - 1.80) = 1.230$$

$$\frac{p_3}{p_2} = 2.257 + \frac{2.261 - 2.257}{1.85 - 1.80} \times (1.83 - 1.80) = 2.259$$

$$p_3 = 2.259 p_2 = 2.259 p_a = 2.259 \times 1.0133 \times 10^5 = 2.2890 \times 10^5 (\text{Pa})$$

据 $Ma_3 = 1.230$ 查附表 2（a），得

$$\frac{p_3}{p_3^*} = 0.3965$$

因为气流穿过膨胀波后总压不变，$p_4^* = p_3^*$，所以

$$\frac{p_4}{p_4^*} = \frac{p_4}{p_3} \times \frac{p_3}{p_3^*} = \frac{1.0133 \times 10^5 \times 0.3965}{2.2890 \times 10^5} = 0.1755$$

据 $p_4/p_4^* = 0.1755$ 查附表 2（a），得

$$Ma_4 = 1.79 + \frac{1.80 - 1.79}{0.1740 - 0.1767} \times (0.1755 - 0.1767) = 1.794$$

5-7　如图 5.7 所示，马赫数 $Ma_1 = 2.0$ 和静压 $p_1=1.4\times10^5$ Pa 的超声速空气流沿着菱形翼型中心平面的方向流过该翼型。(1) 试画出该菱形翼型的流动图谱（包括波和流线，膨胀波用虚线表示，激波用实线表示）；(2) 求该菱形翼型上表面的气体压强 p_2 和 p_3。

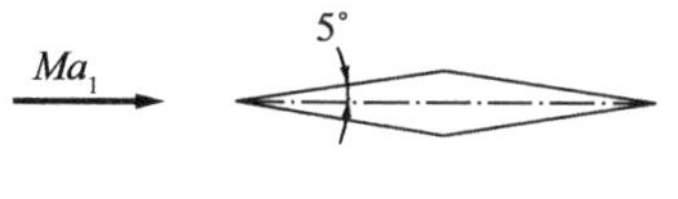

图 5.7　习题 5-7 图

解 (1) 流动图谱如图 5.8 所示。

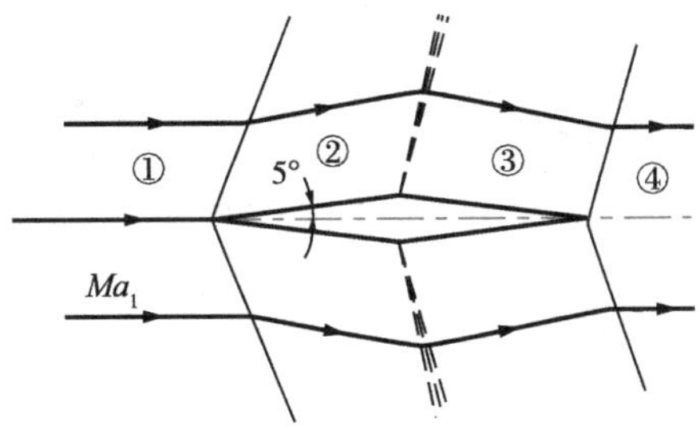

图 5.8 习题 5-7 的流动图谱

(2) 据 $Ma_1 = 2.0$，$\delta = 5°$ 查附表 6，得

$$\frac{p_2}{p_1} = 1.315, \qquad Ma_2 = 1.821$$

$$p_2 = \frac{p_2}{p_1} \times p_1 = 1.315 \times 1.4 \times 10^5 = 1.841 \times 10^5 (\text{Pa})$$

因为由②区至③区气流穿过的是左伸膨胀波

$$\theta_3 - \theta_2 = \nu(Ma_2) - \nu(Ma_3)$$

而由流动图谱知 $\theta_3 - \theta_2 = -10°$。据 $Ma_2 = 1.821$ 查附表 3，得

$$\nu(Ma_2) = 21 + \frac{22-21}{1.846-1.809} \times (1.821 - 1.809) = 21.3(°)$$

$$\pi(Ma_2) = 0.171 + \frac{0.162-0.171}{1.846-1.809} \times (1.821 - 1.809) = 0.1681$$

所以 $\nu(Ma_3) = \nu(Ma_2) - (\theta_3 - \theta_2) = 21.3 + 10 = 31.3(°)$

据 $\nu(Ma_3) = 31.3°$ 查附表 3，得

$$\pi(Ma_3) = 0.0980 + \frac{0.0920 - 0.0980}{32-31} \times (31.3 - 31) = 0.0962$$

因为气流穿过膨胀波的过程是绝能等熵过程，总压不变，$p_2^* = p_3^*$，所以

$$p_3 = \frac{p_3}{p_3^*} \times \frac{p_2^*}{p_2} \times p_2 = \frac{0.0962}{0.1681} \times 1.841 \times 10^5 = 1.05356 \times 10^5 (\text{Pa})$$

5-8 如图 5.9 所示，马赫数 $Ma_1 = 2.0$ 和静压 $p_1 = 1.4 \times 10^5$ Pa 的超声速气流以 $\alpha = 5°$ 的角度流过一平板翼型，(1) 试画出该平板机翼的流动图谱（包括波和流线，膨胀波用虚线表示，激波用实线表示）；(2) 求该平板机翼上表面和下表面气流的压强 p_2 和 p_3。

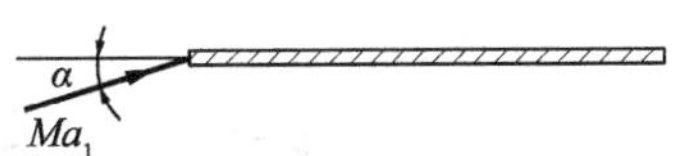

图 5.9 习题 5-8 图

解 (1) 流动图谱如图 5.10 所示。

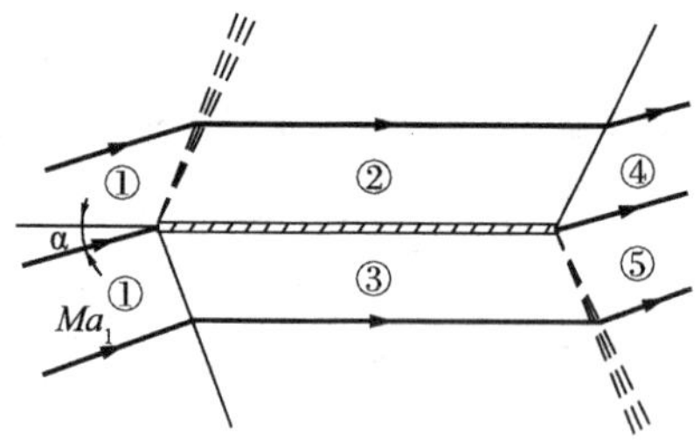

图 5.10 习题 5-8 的流动图谱

(2) 因为由①区至②区气流穿过的是左伸膨胀波

$$\theta_2 - \theta_1 = \nu(Ma_1) - \nu(Ma_2)$$

而由流动图谱知 $\theta_2 - \theta_1 = -5°$ 。据 $Ma_1 = 2.0$ 查附表 3，得

$$\nu(Ma_1) = 26 + \frac{27-26}{2.028-1.988} \times (2-1.988) = 26.3(°)$$

$$\pi(Ma_1) = 0.130 + \frac{0.123-0.130}{2.028-1.988} \times (2.0-1.988) = 0.1279$$

所以 $\nu(Ma_2) = \nu(Ma_1) - (\theta_2 - \theta_1) = 26.3 + 5 = 31.3(°)$

据 $\nu(Ma_2) = 31.3°$ 查附表 3，得

$$\pi(Ma_2) = 0.0980 + \frac{0.0920-0.0980}{32-31} \times (31.3-31) = 0.0962$$

因为气流穿过膨胀波的过程是绝能等熵过程，总压不变，$p_2^* = p_1^*$ ，所以

$$p_2 = \frac{p_2}{p_2^*} \times \frac{p_1^*}{p_1} \times p_1 = \frac{0.0962}{0.1279} \times 1.4 \times 10^5 = 1.0530 \times 10^5 (\text{Pa})$$

由流动图谱知，气流由①区进入③区方向折转了 5°。据 $Ma_1 = 2.0$ ，$\delta = 5°$ 查附表 6，得

$$\frac{p_3}{p_1} = 1.315$$

所以 $p_3 = \frac{p_3}{p_1} \times p_1 = 1.315 \times 1.4 \times 10^5 = 1.841 \times 10^5 (\text{Pa})$

5-9 如图 5.11 所示，空气以马赫数 $Ma_1 = 3.0$ 和静压 $p_1 = 1.0133 \times 10^5\text{Pa}$ 流过一个双楔形翼型，(1) 试画出该翼型的流动图谱（包括波和流线，膨胀波用虚线表示，激波用实线表示）；(2) 求该翼型表面②区、③区气流的马赫数和静压。

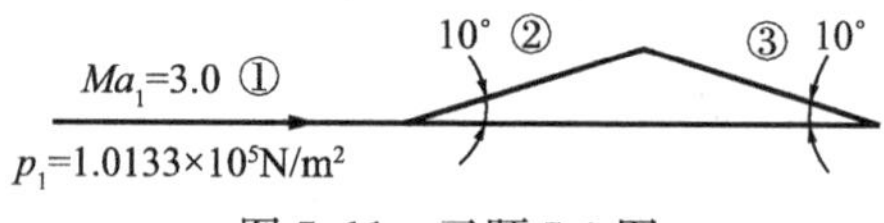

图 5.11 习题 5-9 图

解 (1) 流动图谱如图 5.12 所示。

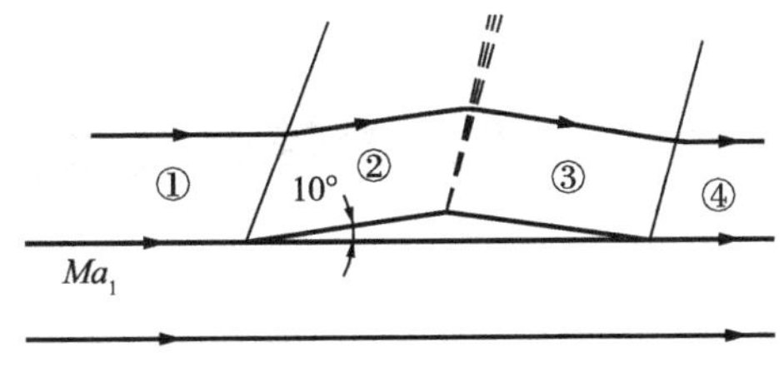

图 5.12 习题 5-9 的流动图谱

(2) 由流动图谱知，气流由①区进入②区方向向上折转了 10°。据 $Ma_1 = 3.0$，$\delta = 10°$ 查附表 6，得

$$\frac{p_2}{p_1} = 2.055\,, \qquad Ma_2 = 2.505$$

所以 $$p_2 = \frac{p_2}{p_1} \times p_1 = 2.055 \times 1.0133 \times 10^5 = 2.08233 \times 10^5 \text{(Pa)}$$

因为气流由②区至③区穿过的是左伸膨胀波

$$\theta_3 - \theta_2 = \nu(Ma_2) - \nu(Ma_3)$$

而由流动图谱知 $\theta_3 - \theta_2 = -20°$。据 $Ma_2 = 2.505$ 查附表 3，得

$$\nu(Ma_2) = 39 + \frac{40-39}{2.539-2.498} \times (2.505 - 2.498) = 39.2(°)$$

$$\pi(Ma_2) = 0.0590 + \frac{0.0552 - 0.0590}{2.539 - 2.498} \times (2.505 - 2.498) = 0.0584$$

所以 $$\nu(Ma_3) = \nu(Ma_2) - (\theta_3 - \theta_2) = 39.2 + 20 = 59.2(°)$$

据 $\nu(Ma_3) = 59.2°$ 查附表 3，得

$$Ma_3 = 3.542 + \frac{3.606 - 3.542}{60 - 59} \times (59.2 - 59) = 3.5548$$

$$\pi(Ma_3) = 0.0126 + \frac{0.0115 - 0.0126}{60 - 59} \times (59.2 - 59) = 0.0124$$

因为气流穿过膨胀波的过程是绝能等熵过程，总压不变，$p_2^* = p_3^*$，所以

$$p_3 = \frac{p_3}{p_3^*} \times \frac{p_2^*}{p_2} \times p_2 = \frac{0.0124}{0.0584} \times 2.08233 \times 10^5 = 0.4421 \times 10^5 \text{(Pa)}$$

第 6 章　一维定常管内气体流动

6.1　内 容 提 要

按照影响管内气体流动的主要因素，本章将一维定常管内气体流动分成了变截面管流、等截面摩擦管流、换热管流和变流量管流等四个部分来介绍，其中重要的基本概念、基本理论和基本方程如下。

1. 基本概念

1）喷管和扩压器

使气流加速的管道称为喷管，使气流减速的管道称为扩压器。

2）临界压强比

收缩喷管出口气流马赫数 $Ma_e=1$ 时所对应的出口气流压强比 p_e/p_e^* 称为临界压强比 β_{cr}，即

$$\beta_{cr}=\left(\frac{p_e}{p_e^*}\right)_{M_e=1}=\left(\frac{2}{k+1}\right)^{\frac{2}{k-1}}$$

3）绝热摩擦管流和等温摩擦管流

管内气体与外界之间的热量交换可以忽略不计的摩擦管流称为绝热摩擦管流。管内气体与外界之间的热量交换不能忽略不计，但流动过程接近于等温过程的摩擦管流称为等温摩擦管流。

2. 基本理论和基本方程

1）变截面管流结论

收缩形管道使亚声速气流做加速降压运动，使超声速气流做减速升压运动。

扩张形管道使亚声速气流做减速升压运动，使超声速气流做加速降压运动。

临界截面一定是管道中的最小截面。

收缩喷管是一种使亚声速气流加速的设备，但最多只能使亚声速气流加速到声速。

收缩喷管中共可出现三种不同的流动状态，分别是亚临界流动状态、临界流动状态和超临界流动状态，具体流动属于这三种流动状态中的哪一种由反压比 p_b/p^* 与临界压强比 β_{cr} 的大小比较来确定。

使拉瓦尔喷管出口气流为超声速气流的条件有两个：一是喷管出口截面面积与喉部截面积的比值必须满足面积比计算公式，二是反压比 p_b/p^* 必须低于第

二个划界压强比。

拉瓦尔喷管中共可出现七种不同的流动状态，具体流动属于这七种中的哪一种由反压比 p_b/p^* 与划界压强比 $(p_b/p^*)_1$ 、$(p_b/p^*)_2$ 、$(p_b/p^*)_3$ 的大小比较来确定。

2）摩擦系数

$$f=\frac{\tau_w}{\frac{1}{2}\rho v^2}$$

3）等截面绝热摩擦管流结论

摩擦使亚声速气流做加速、降压运动，发生膨胀变化；与此相反，摩擦使超声速气流做减速、增压运动，发生压缩变化。但对于总压和熵，则不管是亚声速气流还是超声速气流，摩擦的作用总是使气流的总压减小，使气流的熵增大。

摩擦总是使气流的状态向临界状态靠近，使气流的马赫数向 1 靠近。单纯靠摩擦的作用不能使亚声速气流加速成超声速气流，也不能使超声速气流减速成亚声速气流。

对于每一个等截面绝热摩擦管的进口马赫数 Ma_1，都有一个最大管长与之对应，当实际管长超过这个最大管长时，流动就会出现壅塞现象。

4）换热管流结论

加热使气流的马赫数向 1 趋近，同时使气流的温度升高，总压下降，熵值增大。

单纯靠加热不能使亚声速气流加速成超声速气流，也不能使超声速气流减速成亚声速气流，加热最多只能使气流的马赫数变化到 1。

对于给定的进口气流马赫数，存在一个临界加热量，当实际加热量超过这个临界加热量时，流动就要发生壅塞。

5）变流量管流结论

加入流量使气流的马赫数向 1 趋近，同时使气流的总压下降，熵增大。

单纯靠加入流量不能使亚声速气流变为超声速气流。

3. 常见问题

（1）错误求解拉瓦尔喷管流动问题。主要原因是拉瓦尔喷管的流动状态多，共有 7 种，没有深入掌握各流动状态的特点。有效的解决办法是认真阅读拉瓦尔喷管的压强分布曲线图和马赫数分布曲线图，在理解的基础上掌握各流动状态的特点。

（2）不能正确分析壅塞现象的发生和产生的后果。解决这一问题的关键是要透彻理解壅塞的定义。在气体动力学里壅塞指的是气体的堵塞，气体堆积在管中流不出去，因此对于等截面摩擦管流、换热管流等，只要管道中间出现了临界截面，即最大流量出现在了管道中间，就会发生壅塞现象。发生壅塞现象后，由于气体堆积产生的压强升高在亚声速气流中可以逆流向上游传播，传到进口，而在超声速气流中要产生激波，因此当管道进口气流为亚声速气流时，进口将发生溢流，进口气流的马赫数将减小，直到临界截面移动到出口，出口气流的马赫数等于1为止；而当进口气流为超声速气流时，将产生激波，激波的具体位置由壅塞情况确定。

6.2 典型题目解析

例 6.1 已知某风洞收缩喷管进口截面上空气流的总压 $p^* = 1.724 \times 10^5$ Pa，总温 $T^* = 324$ K，喷管出口通大气，出口面积 $A_e = 0.03\ \mathrm{m}^2$，实验时大气压强 $p_a = 1.0133 \times 10^5$ Pa，空气的 $k = 1.4$，$R = 287.06$ J/(kg·K)，$K = 0.0404\ \mathrm{s}\sqrt{\mathrm{K}}/\mathrm{m}$，喷管中的流动是绝能等熵流动，求喷管出口截面上气流的速度、压强和通过喷管的质量流量。

分析 由已知大气压强和喷管进口气流总压算出反压比，根据算出的反压比与临界压强比的大小比较确定流动状态属于三种流动状态中的哪一种，再根据具体流动状态的特点即可求出全部待求参数。

解 据 $k = 1.40$ 查附表 2(a)，得 $\beta_{cr} = 0.5283$。

因为
$$\frac{p_b}{p^*} = \frac{p_a}{p^*} = \frac{1.0133 \times 10^5}{1.724 \times 10^5} = 0.5878 > \beta_{cr}$$

所以管内流动处于亚临界流动状态，$p_e = p_a = 1.0133 \times 10^5$ (Pa)。

因为喷管中的流动是绝能等熵流动，$p_e^* = p^*$，所以

$$\frac{p_e}{p_e^*} = \frac{p_a}{p^*} = 0.5878$$

据 $p_e/p^* = 0.5878$ 查附表 2(b)，得

$$\lambda_e = 0.91 + \frac{0.92 - 0.91}{0.5873 - 0.5946} \times (0.5878 - 0.5946) = 0.9193$$

$$q(\lambda_e) = 0.9902 + \frac{0.9923 - 0.9902}{0.5873 - 0.5946} \times (0.5878 - 0.5946) = 0.9922$$

因为
$$\lambda = \frac{v}{c_{cr}},\quad c_{cr} = \sqrt{\frac{2k}{k+1} R T^*}$$

所以
$$v_e = \lambda_e c_{cre} = 0.9193 \times \sqrt{\frac{2 \times 1.4}{2.4} \times 287.06 \times 324} = 302.8\ (\mathrm{m/s})$$

因为
$$\dot{m} = K \frac{p_e^*}{\sqrt{T_e^*}} A_e q(\lambda_e)$$

所以
$$\dot{m} = 0.0404 \times \frac{1.724 \times 10^5}{\sqrt{324}} \times 0.03 \times 0.9922 = 11.52\ (\mathrm{kg/s})$$

【提示】 收缩喷管的题目是不难求解的，关键是要先确定流动状态，然后根据具体流动状态的特点求解所需参数。

例 6.2 空气以总温 $T^* = 288.9\ \text{K}$、总压 $p^* = 6.896 \times 10^5\ \text{Pa}$ 流入一收缩喷管，然后排入大气，大气压强 $p_a = 1.014 \times 10^5\ \text{Pa}$，若管内流动是绝能等熵的，求：(1) 喷管出口截面上的气流静压 p_e 和马赫数 Ma_e；(2) 出口气流马赫数 $Ma_e = 1$ 时的最小滞止压强 p^*；(3) 滞止压强降低到 $p^* = 1.724 \times 10^5\ \text{Pa}$ 时的出口气流静压 p_e 和马赫数 Ma_e。

分析 此题第一问和第三问解法一样，都是先求解反压比，然后根据求出的反压比与临界压强比的大小比较确定流动状态属于三种流动状态中的哪一种，再根据具体流动状态的特点求解所需参数。第二问需先根据流动状态的特点做出判断后再求解。

解 (1) 因为反压 $p_b = p_a$，所以

$$\frac{p_b}{p^*} = \frac{p_a}{p^*} = \frac{1.014 \times 10^5}{6.896 \times 10^5} = 0.1470$$

据 $k = 1.40$ 查附表 2(a)，得 $\beta_{cr} = 0.5283$。因为 $p_b/p^* < \beta_{cr}$，所以流动属于超临界流动状态。根据超临界流动状态的特点

$$Ma_e = 1$$

$$p_e = p_{cr} = p^* \cdot \beta_{cr} = 6.896 \times 10^5 \times 0.5283 = 3.64316 \times 10^5\ (\text{Pa})$$

(2) 出口气流马赫数 $Ma_e = 1$ 时，流动处于临界状态时滞止压强最低，所以

$$p^* = \frac{p_b}{\beta_{cr}} = \frac{1.014 \times 10^5}{0.5283} = 1.919 \times 10^5\ (\text{Pa})$$

(3) 因为反压比

$$\frac{p_b}{p^*} = \frac{1.014 \times 10^5}{1.724 \times 10^5} = 0.5882$$

$p_b/p^* > \beta_{cr}$，所以流动属于亚临界流动状态。根据亚临界流动状态的特点

$$p_e = p_b = p_a = 1.014 \times 10^5\ (\text{Pa})$$

据 $p_e/p^* = p_b/p^* = 0.5882$ 查附表 2(b)，得

$$Ma_e = 0.8947 + \frac{0.9062 - 0.8947}{0.5873 - 0.5946} \times (0.5882 - 0.5946) = 0.9048$$

【提示】 正确求解收缩喷管流动问题的关键在于：一要能够正确确定流动状态，二要熟练掌握亚临界、临界和超临界流动状态的特点。

例 6.3 已知某拉瓦尔喷管的最小截面面积 $A_t = 4.0\ \text{cm}^2$，出口截面面积 $A_e = 6.76\ \text{cm}^2$，喷管周围的大气压强 $p_a = 1.0 \times 10^5\ \text{Pa}$，气源温度 $T^* = 288\ \text{K}$，求当气源压强 $p^* = 1.09 \times 10^5\ \text{Pa}$、$1.5 \times 10^5\ \text{Pa}$、$2.0 \times 10^5\ \text{Pa}$ 和 $10 \times 10^5\ \text{Pa}$ 时，喷管出口处空气流的马赫数和流量以及管中有激波时激波的位置。

分析 根据面积比的值可以算出划界压强比的值，将算出的划界压强比与反压比进行大小比较，确定流动状态属于 7 种流动状态中的哪一种，再根据具体流

动状态的特点即可求出全部待求参数。

解 $$q(Ma_e)=\frac{A_t}{A_e}=\frac{4.0}{6.76}=0.5917$$

据 $q(Ma_e)=0.5917$ 查附表 2(b)，得

$$\pi(Ma_{e亚})=0.9097+\frac{0.9053-0.9097}{0.6024-0.5897}\times(0.5917-0.5897)=0.9090$$

$$Ma_{e超}=1.9934+\frac{2.0155-1.9934}{0.5850-0.5958}\times(0.5917-0.5958)=2.0018$$

$$\pi(Ma_{e超})=0.1291+\frac{0.1248-0.1291}{0.5850-0.5958}\times(0.5917-0.5958)=0.1275$$

据 $Ma_{e超}=2.0018$ 查附表 4，得

$$\frac{p_2}{p_1}=4.5000+\frac{4.5458-4.5000}{2.01-2.00}\times(2.0018-2.00)=4.5084$$

$$\left(\frac{p_b}{p^*}\right)_1=\pi(Ma_{e亚})=0.9090$$

$$\left(\frac{p_b}{p^*}\right)_2=\pi(Ma_{e超})\times\frac{p_2}{p_1}=0.1275\times4.5084=0.5748$$

$$\left(\frac{p_b}{p^*}\right)_3=\pi(Ma_{e超})=0.1275$$

由题意知 $p_b=p_a=1.0\times10^5$ Pa。当 $p^*=1.09\times10^5$ Pa 时，

$$\frac{p_b}{p^*}=\frac{p_a}{p^*}=\frac{1.0\times10^5}{1.09\times10^5}=0.9174$$

因为 $(p_b/p^*)_1<p_b/p^*<1$，所以管内流动属于第 1 种流动状态，$p_e=p_a$，$p_e^*=p^*$。

$$\frac{p_e}{p_e^*}=\frac{p_a}{p^*}=0.9174$$

据 $p_e/p_e^*=0.9174$ 查附表 2(b)，得

$$Ma_e=0.35+\frac{0.36-0.35}{0.9143-0.9188}\times(0.9174-0.9188)=0.353$$

$$q(Ma_e)=\frac{1}{1.7780+\dfrac{1.7358-1.7780}{0.9143-0.9188}\times(0.9174-0.9188)}=0.5666$$

因为流动是绝能等熵的，$p_e^*=p^*$，$T_e^*=T^*$，所以

$$\dot{m}=\dot{m}_e=K\frac{p_e^*}{\sqrt{T_e^*}}A_eq(Ma_e)=K\frac{p^*}{\sqrt{T^*}}A_eq(Ma_e)$$

$$=0.0404\frac{1.09\times10^5}{\sqrt{288}}\times6.76\times10^{-4}\times0.5666=0.099\ (\text{kg/s})$$

当 $p^*=1.5\times10^5$ Pa 时

$$\frac{p_b}{p^*}=\frac{p_a}{p^*}=\frac{1.0\times10^5}{1.5\times10^5}=0.6667$$

因为$(p_b/p^*)_2 < p_b/p^* < (p_b/p^*)_1$，所以管内流动处于第3种流动状态，扩张段内有一道正激波。对喷管喉部及出口截面之间的管内空间体积施用连续方程和流量计算公式，得

$$K\frac{p_t^*}{\sqrt{T_t^*}}A_t = K\frac{p_e}{\sqrt{T_e^*}}A_e y(\lambda_e)$$

因为激波前的流动是绝能等熵的，$p_t^* = p^*$，$T_t^* = T_e^*$，且$p_e = p_b = p_a$，所以

$$y(\lambda_e) = \frac{p^*}{p_a} \times \frac{A_t}{A_e} = \frac{1.5\times10^5\times4.0}{1.0\times10^5\times6.76} = 0.8876$$

据$y(\lambda_e) = 0.8876$查附表2(b)，得

$$q(\lambda_e) = 0.7416 + \frac{0.7520-0.7416}{0.8953-0.8771}\times(0.8876-0.8771) = 0.7476$$

$$Ma_e = 0.4956 + \frac{0.5054-0.4956}{0.8953-0.8771}\times(0.8876-0.8771) = 0.5013$$

对喷管喉部及出口截面之间的管内空间体积施用连续方程和流量计算公式，得

$$K\frac{p_t^*}{\sqrt{T_t^*}}A_t = K\frac{p_e^*}{\sqrt{T_e^*}}A_e q(\lambda_e)$$

$$\frac{p_e^*}{p_t^*} = \frac{A_t}{A_e}\times\frac{1}{q(\lambda_e)} = \frac{4.0}{6.76\times0.7476} = 0.79149$$

因为激波前和激波后的流动是绝能等熵的，$p_1^* = p_t^*$，$p_2^* = p_e^*$，其中p_1^*和p_2^*分别是管内正激波前后气流的总压，所以

$$\frac{p_2^*}{p_1^*} = \frac{p_e^*}{p_t^*} = 0.79149$$

据$p_2^*/p_1^* = 0.79149$查附表4，得

$$Ma_{s1} = 1.84 + \frac{1.85-1.84}{0.79021-0.79474}\times(0.79149-0.79474) = 1.8472$$

据激波前气流马赫数Ma_{s1}查附表2(b)，得

$$q(Ma_{s1}) = 0.6703 + \frac{0.6599-0.6703}{1.8672-1.8471}\times(1.8472-1.8471) = 0.6702$$

对喷管喉部和激波前表面之间的管内空间体积施用连续方程和流量计算公式，得

$$K\frac{p_t^*}{\sqrt{T_t^*}}A_t = K\frac{p_1^*}{\sqrt{T_1^*}}A_s q(Ma_{s1})$$

因为$p_t^* = p_1^*$，$T_t^* = T_1^*$，所以

$$A_s = \frac{A_t}{q(Ma_{s1})} = \frac{4.0}{0.6702} = 5.97\ (\text{cm}^2)$$

又因为$Ma_t = 1$，$p_t^* = p^*$，$T_t^* = T^*$，所以

$$\dot{m} = K\frac{p_t^*}{\sqrt{T_t^*}}A_t = 0.0404\times\frac{1.5\times10^5}{\sqrt{288}}\times4.0\times10^{-4} = 0.143\ (\text{kg/s})$$

当$p^* = 2.0\times10^5$ Pa时，

$$\frac{p_b}{p^*}=\frac{p_a}{p^*}=\frac{1.0\times10^5}{2.0\times10^5}=0.5$$

因为 $(p_b/p^*)_3 < p_b/p^* < (p_b/p^*)_2$，所以管内流动属于第 5 种流动状态，

$$Ma_t=1$$

$$Ma_e=Ma_{e超}=2.0018$$

$$\dot{m}=K\frac{p_t^*}{\sqrt{T_t^*}}A_t=0.0404\times\frac{2.0\times10^5}{\sqrt{288}}\times4.0\times10^{-4}=0.190\ (\mathrm{kg/s})$$

当 $p^*=10\times10^5$ Pa 时，

$$\frac{p_b}{p^*}=\frac{p_a}{p^*}=\frac{1.0\times10^5}{10\times10^5}=0.1$$

因为 $0 < p_b/p^* < (p_b/p^*)_3$，所以管内流动处于第 7 种流动状态，

$$Ma_t=1$$

$$Ma_e=Ma_{e超}=2.0018$$

$$\dot{m}=K\frac{p_t^*}{\sqrt{T_t^*}}A_t=0.0404\times\frac{10\times10^5}{\sqrt{288}}\times4.0\times10^{-4}=0.952\ (\mathrm{kg/s})$$

【提示】 拉瓦尔喷管流动问题的求解比收缩喷管流动问题的求解要复杂、麻烦得多，正确求解拉瓦尔喷管流动问题的关键在于：一要能够正确求解划界压强比；二要能够正确确定流动状态；三要能够熟练掌握各种流动状态的特点。

6.3 思考题解答

6.1 亚声速气流和超声速气流在扩张形管道中流动时，压强、密度、温度、速度和马赫数的变化有什么不同？流动有什么不同？

答 亚声速气流在扩张形管道中，沿着流动方向，压强、密度和温度增大，速度和马赫数减小，气流在管中做减速增压运动；与此相反，超声速气流在扩张形管道中，沿着流动方向，压强、密度和温度减小，速度和马赫数增大，气流在管中做加速降压运动。由上述流动参数变化情况可以看到，在扩张形管道中，沿着流动方向，气流的马赫数向远离 1 的方向发展。

6.2 何为收缩喷管？利用收缩喷管可否将亚声速气流连续加速成超声速气流？为什么？

答 使气流加速的收缩形管道称为收缩喷管，收缩喷管也称收敛喷管。利用收缩喷管不能将亚声速气流连续加速成超声速气流。因为在收缩喷管中，亚声速气流最多只能加速成声速气流，马赫数最多只能达到 1；如果在收缩喷管中，亚声速气流可以连续加速成超声速气流，马赫数可以超过 1，则超声速气流在收缩喷管中就应该做加速降压运动，而这个结果是违反质量守恒等自然界的基本定律的，因此不可能发生，所以收缩喷管只能使亚声速气流加速，且最多加速到

声速。

6.3 临界流动状态下，保持总压不变，增大反压，收缩喷管出口气流的马赫数和通过收缩喷管的质量流量有无变化？为什么？反之，如果降低反压，收缩喷管出口气流的马赫数和通过收缩喷管的质量流量有无变化？为什么？

答 临界流动状态下，保持总压不变，增大反压，收缩喷管中的流动状态将变为亚临界流动状态，因此收缩喷管出口气流的马赫数和通过收缩喷管的质量流量都要减小；降低反压时，收缩喷管中的流动状态将变为超临界流动状态，因此收缩喷管出口气流的马赫数和通过收缩喷管的质量流量不变。

6.4 因为亚声速气流在拉瓦尔喷管中可以连续加速成超声速气流，所以流出拉瓦尔喷管的气流一定是超声速气流，这话对吗？为什么？

答 不对。虽然亚声速气流在拉瓦尔喷管中可以连续加速成超声速气流，但并不一定就加速到超声速了，要使流出拉瓦尔喷管的气流是超声速气流必须满足两个条件：一是所用拉瓦尔喷管出口截面面积与喉部截面面积的比值必须满足面积比公式，即

$$\frac{A_e}{A_t}=\frac{1}{q(Ma_e)}$$

二是反压比必须低于第二个划界压强比，即

$$\frac{p_b}{p^*}<\left(\frac{p_b}{p^*}\right)_2$$

6.5 加热对亚声速气流的压强和马赫数有何作用？持续加热可否使亚声速气流连续加速成超声速气流？为什么？

答 加热使亚声速气流的压强减小、马赫数增大。持续加热不能使亚声速气流连续加速成超声速气流，因为加热使亚声速气流加速，使超声速气流减速，使气流的马赫数向 1 趋近，所以单纯靠加热不能使亚声速气流加速成超声速气流。

6.4 习题解答

6-1 空气以总温 $T^*=300$ K，总压 $p^*=6.9\times10^5$ Pa 流入收缩喷管，然后排入大气，大气压强 $p_a=1.0133\times10^5$ Pa。求：(1) 喷管出口气流静压 p_e；(2) 喷管出口气流马赫数等于 1 时的最小滞止压强 p^*_{min}；(3) 滞止压强降低到 $p^*=1.8\times10^5$ Pa 时的出口气流静压 p_e。

解 (1) 由附表 2 (a) 查得 $k=1.4$ 时，$\beta_{cr}=0.5283$。因为

$$\frac{p_b}{p^*}=\frac{p_a}{p^*}=\frac{1.0133\times10^5}{6.9\times10^5}=0.1469<\beta_{cr}$$

所以管内流动属于超临界流动状态，$Ma_e=1$

$$p_e=p_{cr}=p^*\beta_{cr}=6.9\times10^5\times0.5283=3.6453\times10^5\ (\text{Pa})$$

（2）因为临界流动状态下的 p^* 是 $Ma_e = 1$ 时的最小滞止压强，而临界流动状态下，$p_e = p_a$，所以

$$p^*_{\min} = \frac{p_a}{\beta_{cr}} = \frac{1.0133 \times 10^5}{0.5283} = 1.9180 \times 10^5 \ (\text{Pa})$$

（3）因为 $\dfrac{p_b}{p^*} = \dfrac{p_a}{p^*} = \dfrac{1.0133 \times 10^5}{1.8 \times 10^5} = 0.5629 > \beta_{cr}$

所以管内流动属于亚临界流动状态，$p_e = p_a = 1.0133 \times 10^5$ (Pa)。

6-2　空气以静温 $T = 300$ K、静压 $p = 6.7644 \times 10^5$ Pa 和马赫数 $Ma = 0.3$ 流入一无摩擦收缩喷管，然后排入大气，大气压强 $p_a = 1.0133 \times 10^5$ Pa。求：（1）喷管出口气流静压 p_e；（2）质量流量为最大值时的最小滞止压强 $p^*_{\min}$；（3）滞止压强降低到 $p^* = 1.7 \times 10^5$ Pa 时的出口气流静压 p_e。

解　由附表 2(a) 查得，$Ma = 0.3$ 时，$p/p^* = 0.9395$，所以

$$p^* = \frac{6.7644 \times 10^5}{0.9395} = 7.2 \times 10^5 \ (\text{Pa})$$

因为 $p_b = p_a$，所以

$$\frac{p_b}{p^*} = \frac{1.0133 \times 10^5}{7.2 \times 10^5} = 0.1407$$

据 $k = 1.4$ 查附表 2(a)，得 $\beta_{cr} = 0.5283$

（1）因为 $p_b/p^* < \beta_{cr}$，所以流动是超临界流动状态，$Ma_e = 1$，

$$p_e = \beta_{cr} p^* = 0.5283 \times 7.2 \times 10^5 = 3.80376 \times 10^5 \ (\text{Pa})$$

（2）因为临界流动状态下的总压是保持 $\dot{m} = \dot{m}_{\max}$ 的最小总压，所以

$$p^*_{\min} = \frac{p_a}{\beta_{cr}} = \frac{1.0133 \times 10^5}{0.5283} = 1.91804 \times 10^5 \ (\text{Pa})$$

（3）因为 $\dfrac{p_b}{p^*} = \dfrac{p_a}{p^*} = \dfrac{1.0133 \times 10^5}{1.7 \times 10^5} = 0.5961 > \beta_{cr}$，所以流动为亚临界流动状态，

$$p_e = p_b = p_a = 1.0133 \times 10^5 \ (\text{Pa})$$

6-3　已知某风洞收缩喷管进口处空气流的总压 $p^* = 6.54 \times 10^5$ Pa，总温 $T^* = 293$ K，喷管出口通大气，大气压强 $p_a = 1.0133 \times 10^5$ Pa，喷管出口截面面积 $A_e = 0.01\ \text{m}^2$，空气的 $k = 1.4$，$R = 287.06$ J/kg·K，$K = 0.0404\ \text{s}\sqrt{\text{K}}/\text{m}$，管内流动为绝能等熵流动，求喷管出口气流的速度 v_e、压强 p_e 和通过喷管的流量 $\dot{m}_e$。

解　因为反压 $p_b = p_a$，所以

$$\frac{p_b}{p^*} = \frac{p_a}{p^*} = \frac{1.0133 \times 10^5}{6.54 \times 10^5} = 0.1549$$

据 $k = 1.4$ 查附表 2(a)，得 $\beta_{cr} = 0.5283$。因为 $p_b/p^* < \beta_{cr}$，所以流动属于超临界流动状态。根据超临界流动状态的特点，

$$Ma_e = 1$$

$$p_e = p_{cr} = p^* \cdot \beta_{cr} = 6.54 \times 10^5 \times 0.5283 = 3.4551 \times 10^5\ (\text{Pa})$$

$$v_e = v_{cr} = c_{cr} = \sqrt{\frac{2k}{k+1}RT^*} = \sqrt{\frac{2\times 1.4}{1.4+1}\times 287.06 \times 293} = 313.3\ (\text{m/s})$$

据 $Ma_e = 1$ 查附表 2(a)，得 $T_e/T_e^* = 0.8333$ ，所以

$$T_e = 0.8333 T_e^* = 0.8333 \times 293 = 244.2\ (\text{K})$$

因为流动过程是绝能等熵的，$p_e^* = p^*$ ，$T_e^* = T^*$ ，所以

$$\dot{m}_e = K\frac{p_e^*}{\sqrt{T_e^*}}A_e q(Ma_e) = K\frac{p^*}{\sqrt{T^*}}A_e = 0.0404 \times \frac{6.54\times 10^5}{\sqrt{293}} \times 0.01 = 15.4\ (\text{kg/s})$$

6-4 某飞机在高度 $H = 2500\text{m}$ 的空中飞行时，其发动机收缩喷管进口燃气的总压 $p^* = 1.30 \times 10^5$ Pa，总温 $T^* = 852$ K，喷管出口截面积 $A_e = 0.168\ \text{m}^2$，燃气的绝热指数 $k = 1.33$ ，气体常数 $R = 287.4\ \text{J/kg} \cdot \text{K}$，流量计算公式中的 $K = 0.0397\ \text{s}\sqrt{\text{K}}/\text{m}$。设燃气在喷管中的流动是无摩擦绝热的，求喷管出口截面上燃气的静压 p_e 、速度 v_e 及通过喷管的燃气流量 $\dot{m}_e$ ；且求总压、总温和喷管出口截面积不变时，飞行高度要满足怎样的条件，通过喷管的流量 $\dot{m}$ 才能用流量计算公式 $\dot{m} = Kp^* A_e/\sqrt{T^*}$ 计算。

解 据 $H = 2500$ m 查附表 1，得 $p_b = 0.74692 \times 10^5$ Pa。据 $k = 1.33$ 查附表 2(c)，得 $\beta_{cr} = 0.5404$ 。因为

$$\frac{p_b}{p^*} = \frac{0.74692\times 10^5}{1.30\times 10^5} = 0.5746 > \beta_{cr}$$

所以管内流动属于亚临界状态，$p_e = p_b = 0.74692 \times 10^5$ Pa。因为 $p_e^* = p^*$ ，所以

$$\frac{p_e}{p_e^*} = \frac{p_e}{p^*} = \frac{0.74962\times 10^5}{1.3\times 10^5} = 0.5746$$

据此压强比数值查附表 2(c)，得

$$\lambda_e = 0.95 + \frac{0.96 - 0.95}{0.5691 - 0.5763} \times (0.5746 - 0.5763) = 0.952$$

$$q(\lambda_e) = 0.9972 + \frac{0.9981 - 0.9972}{0.5691 - 0.5763} \times (0.5746 - 0.5763) = 0.9974$$

$$v_e = \lambda_e c_{cr} = \lambda_e\sqrt{\frac{2k}{k+1}RT^*} = 0.952 \times \sqrt{\frac{2\times 1.33}{1.33+1}\times 287.4 \times 852} = 503\ (\text{m/s})$$

因为过程是绝能等熵的，$p_e^* = p^*$ ，$T_e^* = T^*$ ，所以

$$\dot{m}_e = K\frac{p_e^*}{\sqrt{T_e^*}}A_e q(Ma_e) = K\frac{p^*}{\sqrt{T^*}}A_e = 0.0397 \times \frac{1.30\times 10^5}{\sqrt{852}} \times 0.168 = 29.7\ (\text{kg/s})$$

因为收缩喷管只有处于临界和超临界流动状态，即 $p_b/p^* \leqslant \beta_{cr}$ 时，通过喷管的流量 $\dot{m}$ 才能用流量计算公式 $\dot{m} = Kp^* A_e/\sqrt{T^*}$ 计算，所以由

$$p_b \leqslant \beta_{cr} p^* = 0.5404 \times 1.30 = 0.70252 \times 10^5\ (\text{Pa})$$

据 $p_b \leqslant 0.70252 \times 10^5$ Pa 查附表 1，得

$$H \geqslant 2500 + \frac{3000-2500}{0.70121-0.74692} \times (0.70252-0.74692) = 2985.7\ (\mathrm{m})$$

6-5　一台涡轮喷气发动机的喷管是收缩形的，其出口截面积 $A_e = 0.070\ \mathrm{m}^2$，喷管进口气流总温 $T^* = 1000$ K，总压 $p^* = 0.90 \times 10^5$ Pa，气体的 $k=1.33$，气体常数 $R=287.4$ J/kg·K，流量计算公式中的 $K=0.0397\ \mathrm{s}\sqrt{\mathrm{K}}/\mathrm{m}$。假定飞机的飞行高度 $H=10000$ m，流动过程是绝能等熵的，求喷管出口截面上气流的静温、速度、静压和通过喷管的质量流量。

解　据 $H=10000$ m 查附表 1，得 $p_b = 0.265 \times 10^5$ Pa。据 $k=1.33$ 查附表 2(c)，得 $\beta_{\mathrm{cr}} = 0.5404$。因为

$$\frac{p_b}{p^*} = \frac{0.265 \times 10^5}{0.9 \times 10^5} = 0.2944 < \beta_{\mathrm{cr}}$$

所以喷管内流动属于超临界流动状态，

$$Ma_e = 1$$

$$v_e = c_{\mathrm{cr}} = \sqrt{\frac{2k}{k+1} R T^*} = \sqrt{\frac{2 \times 1.33}{1.33+1} \times 287.4 \times 1000} = 572.8\ (\mathrm{m/s})$$

$$p_e = \beta_{\mathrm{cr}} p^* = 0.5404 \times 0.9 \times 10^5 = 0.4864 \times 10^5\ (\mathrm{Pa})$$

$$\dot{m} = K \frac{p_e^*}{\sqrt{T_e^*}} A_e = K \frac{p^*}{\sqrt{T^*}} A_e = \frac{0.0397 \times 0.9 \times 10^5 \times 0.070}{\sqrt{1000}} = 7.91\ (\mathrm{kg/s})$$

据 $Ma_e = 1$ 查附表 2(c)，得 $T_e/T_e^* = 0.8584$。因为 $T_e^* = T^*$，所以

$$T_e = 0.8584 T^* = 0.8584 \times 1000 = 858.4\ (\mathrm{K})$$

6-6　空气以总温 $T^* = 300$ K，总压 $p^* = 7.0 \times 10^5$ Pa 流入一收缩喷管，然后排入大气，大气压强 $p_{\mathrm{a}} = 1.0133 \times 10^5$ Pa，喷管出口截面面积 $A_e = 50\ \mathrm{cm}^2$，空气的 $k=1.4$，$R=287.06$ J/kg·K，$K=0.0404\ \mathrm{s}\sqrt{\mathrm{K}}/\mathrm{m}$，求：(1) 喷管出口气流静压 p_e、马赫数 Ma_e 和流量 $\dot{m}_e$；(2) 喷管保持壅塞时的最大反压 $p_{b\max}$；(3) 滞止压强降低到 $p^* = 1.55 \times 10^5$ Pa 时喷管出口气流的静压 p_e 和马赫数 Ma_e。

解　(1) 因为反压 $p_b = p_{\mathrm{a}}$，所以

$$\frac{p_b}{p^*} = \frac{p_{\mathrm{a}}}{p^*} = \frac{1.0133 \times 10^5}{7.0 \times 10^5} = 0.1448$$

据 $k=1.40$ 查附表 2(a)，得 $\beta_{\mathrm{cr}} = 0.5283$。因为 $p_b/p^* < \beta_{\mathrm{cr}}$，所以流动属于超临界流动状态。根据超临界流动状态的特点，

$$Ma_e = 1$$

$$p_e = p_{\mathrm{cr}} = p^* \cdot \beta_{\mathrm{cr}} = 7.0 \times 10^5 \times 0.5283 = 3.6981 \times 10^5\ (\mathrm{Pa})$$

因为过程是绝能等熵的，$p_e^* = p^*$，$T_e^* = T^*$，所以

$$\dot{m}_e = K \frac{p_e^*}{\sqrt{T_e^*}} A_e q(Ma_e) = K \frac{p^*}{\sqrt{T^*}} A_e = 0.0404 \times \frac{7.0 \times 10^5}{\sqrt{300}} \times 50 \times 10^{-4}$$

$$= 8.164\ (\mathrm{kg/s})$$

（2）因为流动保持壅塞时的最大反压是临界状态时的反压，所以

$$\frac{p_{b\max}}{p^*}=\beta_{cr}$$

$$p_{b\max}=\beta_{cr}p^*=0.5283\times 7.0\times 10^5=3.6981\times 10^5\ (\text{Pa})$$

（3）因为 $\dfrac{p_b}{p^*}=\dfrac{p_a}{p^*}=\dfrac{1.0133\times 10^5}{1.55\times 10^5}=0.6537>\beta_{cr}$

所以流动属于亚临界流动状态。根据亚临界流动状态的特点，有

$$p_e=p_b=p_a=1.0133\times 10^5\ (\text{Pa})$$

$$\frac{p_e}{p_e^*}=\frac{p_a}{p^*}=\frac{1.0133\times 10^5}{1.55\times 10^5}=0.6537$$

据上述压强比的值查附表 2(a)，得

$$Ma_e=0.80+\frac{0.81-0.80}{0.6495-0.6560}\times(0.6537-0.6560)=0.8035$$

6-7　设空气经收缩喷管绝能等熵地流入大气，已知反压比 $p^*/p_b=3.3$，喷管入口截面和出口截面的面积比 $A_1/A_2=2$，求喷管入口截面上的气流速度系数 λ_1。

解　由题意知

$$\frac{p_b}{p^*}=\frac{p_a}{p^*}=\frac{1}{3.3}=0.3030$$

而对于空气，由附表 2(a) 查得 $\beta_{cr}=0.5283$。因为

$$\frac{p_b}{p^*}<\beta_{cr}$$

所以喷管内流动属于超临界流动状态，$Ma_2=1$。对喷管进口截面和出口截面之间的空间体积施用连续方程和流量计算公式，得

$$A_1q(\lambda_1)=A_2$$

$$q(\lambda_1)=\frac{A_2}{A_1}=\frac{1}{2}=0.5$$

据 $q(\lambda_1)=0.5$ 查附表 2(b)，得

$$\lambda_1=0.33+\frac{0.34-0.33}{0.5109-0.4972}\times(0.5-0.4972)=0.332$$

6-8　已知空气经拉瓦尔喷管排入大气，进口气流总压 $p^*=1.40\times 10^5$ Pa，大气压强 $p_a=1.0\times 10^5$ Pa，喷管面积比 $A_t/A_e=0.5$。试证管内必有一道正激波，并求喷管出口截面上气流的总压、激波前后的气流马赫数和发生激波的截面的面积。

解　由已知条件知

$$\frac{p_b}{p^*}=\frac{p_a}{p^*}=\frac{1.0\times 10^5}{1.40\times 10^5}=0.7143$$

$$q(Ma_e)=\frac{A_t}{A_e}=0.5$$

据 $q(Ma_e)=0.5$ 查附表 2(b)，得

$$\pi(Ma_{e亚})=0.9379+\frac{0.9342-0.9379}{0.5109-0.4972}\times(0.5-0.4972)=0.9371$$

$$Ma_{e超}=2.1802+\frac{2.2053-2.1802}{0.4965-0.5075}\times(0.5-0.5075)=2.1973$$

$$\pi(Ma_{e超})=0.0965+\frac{0.0928-0.0965}{0.4965-0.5075}\times(0.5-0.5075)=0.0940$$

据 $Ma_{e超}=2.1973$ 查附表 4，得

$$\frac{p_2}{p_1}=5.4288+\frac{5.4800-5.4288}{2.20-2.19}\times(2.1973-2.19)=5.4662$$

$$\left(\frac{p_b}{p^*}\right)_1=\pi(Ma_{e亚})=0.9371$$

$$\left(\frac{p_b}{p^*}\right)_2=\pi(Ma_{e超})\frac{p_2}{p_1}=0.0940\times5.4662=0.5138$$

$$\left(\frac{p_b}{p^*}\right)_3=\pi(Ma_{e超})=0.0940$$

因为 $\left(\frac{p_b}{p^*}\right)_2<\frac{p_b}{p^*}<\left(\frac{p_b}{p^*}\right)_1$，所以流动属于第三种流动状态，喷管扩张段内有一道正激波。对喷管喉部及出口截面之间的管内空间体积施用连续方程，得

$$K\frac{p_t^*}{\sqrt{T_t^*}}A_t=K\frac{p_e}{\sqrt{T_e^*}}A_e y(\lambda_e)$$

因为 $p_e=p_b=p_a$，$T_t^*=T_e^*$，$p_t^*=p^*$，所以

$$y(\lambda_e)=\frac{p^*}{p_a}\times\frac{A_t}{A_e}=\frac{1.40\times10^5\times0.5}{1.0\times10^5}=0.7$$

据 $y(\lambda_e)=0.7$ 查附表 2(b)，得

$$q(\lambda_e)=0.6272+\frac{0.6394-0.6272}{0.7172-0.6998}\times(0.7-0.6998)=0.6273$$

对喷管喉部及出口截面之间的管内空间体积施用连续方程和流量计算公式，得

$$K\frac{p_t^*}{\sqrt{T_t^*}}A_t=K\frac{p_e^*}{\sqrt{T_e^*}}A_e q(\lambda_e)$$

$$\frac{p_e^*}{p_t^*}=\frac{A_t}{A_e}\times\frac{1}{q(\lambda_e)}=\frac{0.5}{0.6273}=0.79707$$

$$p_e^*=0.79707p_t^*=0.79707p^*=0.79707\times1.4\times10^5=1.11590\times10^5\ (\text{Pa})$$

因为 $p_1^*=p_t^*$，$p_2^*=p_e^*$，其中 p_1^* 和 p_2^* 分别是管内正激波前后气流的总压，所以

$$\frac{p_2^*}{p_1^*}=\frac{p_e^*}{p_t^*}=0.79707$$

据 $p_2^*/p_1^* = 0.79707$ 查附表 4，得

$$Ma_{s1} = 1.83 + \frac{1.84 - 1.83}{0.79474 - 0.79926} \times (0.79707 - 0.79926) = 1.835$$

$$Ma_{s2} = 0.60993 - \frac{0.60780 - 0.60993}{0.79474 - 0.79926} \times (0.79707 - 0.79926) = 0.60889$$

据 $Ma_{s1} = 1.835$ 查附表 2(b)，得

$$q(Ma_{s1}) = \frac{2}{1.4723 + 1.4837} = 0.6766$$

对喉部和激波前表面之间的管内空间体积施用连续方程和流量计算公式，得

$$K \frac{p_t^*}{\sqrt{T_t^*}} A_t = K \frac{p_1^*}{\sqrt{T_1^*}} A_s q(Ma_{s1})$$

因为 $p_t^* = p_1^*$，$T_t^* = T_1^*$，所以

$$\frac{A_s}{A_t} = \frac{1}{q(Ma_{s1})} = \frac{1}{0.6766} = 1.478$$

6-9 设空气以总压 $p_1^* = 7.0 \times 10^6$ Pa，总温 $T_1^* = 3000$ K 流入一拉瓦尔喷管然后排入大气，大气压强 $p_a = 1.2 \times 10^5$ Pa，喷管喉部截面面积 $A_t = 0.02\ m^2$，若喷管处于设计状态，求喷管出口气流的压强 p_e、温度 T_e、马赫数 Ma_e、质量流量 $\dot{m}_e$ 及喷管出口截面面积 A_e，空气的绝热指数 $k = 1.4$，气体常数 $R = 287.06$ J/kg·K，流量计算公式中的 $K = 0.0404\ s\sqrt{K}/m$。

解 因为设计状态下 $p_e = p_a = 1.2 \times 10^5$ Pa，而 $p_e^* = p_1^*$，所以

$$\pi(\lambda_e) = \frac{p_e}{p_e^*} = \frac{p_a}{p_1^*} = \frac{1.2 \times 10^5}{7 \times 10^6} = 0.017$$

据 $\pi(\lambda_e) = 0.017$ 查附表 2(b)，得

$$Ma_e = 3.3113 + \frac{3.3642 - 3.3113}{0.0159 - 0.0172} \times (0.017 - 0.0172) = 3.3194$$

$$q(\lambda_e) = 0.1758 + \frac{0.1672 - 0.1758}{0.0159 - 0.0172} \times (0.017 - 0.0172) = 0.1745$$

$$\tau(\lambda_e) = 0.3132 + \frac{0.3064 - 0.3132}{0.0159 - 0.0172} \times (0.017 - 0.0172) = 0.3122$$

因为 $T_e^* = T_1^*$，而 $\tau(\lambda) = T/T^*$，所以

$$T_e = \tau(\lambda_e) T_e^* = \tau(\lambda_e) T_1^* = 0.3132 \times 3000 = 936.6\ (K)$$

因为 $q(\lambda_t) = 1$，$A_t = A_e q(\lambda_e)$，所以

$$A_e = \frac{A_t}{q(\lambda_e)} = \frac{0.02}{0.1745} = 0.115\ (m^2)$$

因为 $\dot{m}_e = \dot{m}_t = \dot{m}_1$，$p_e^* = p_t^* = p_1^*$，$T_e^* = T_t^* = T_1^*$，所以

$$\dot{m}_e = \dot{m}_t = K \frac{p_t^*}{\sqrt{T_t^*}} A_t = K \frac{p_1^*}{\sqrt{T_1^*}} A_t = 0.0404 \times \frac{7 \times 10^6}{\sqrt{3000}} \times 0.02 = 103\ (kg/s)$$

6-10 空气沿内径 $D = 0.25$ m 的直圆管中流动时，马赫数由 0.3 增大到了

0.9，求管道的长度 L，已知直圆管的平均摩擦系数 $\bar{C}_f = 0.006$。如果空气的马赫数由 0.3 增大到了 1，求管道的长度 L'。

解 由马赫数等于 0.3 和 0.9 查附表 7，得

$$\left(4\bar{C}_f \frac{L_{\max}}{D}\right)_{0.3} = 5.2992, \qquad \left(4\bar{C}_f \frac{L_{\max}}{D}\right)_{0.9} = 0.0145$$

因为 $$4\bar{f}\frac{L}{D} = \left(4\bar{C}_f \frac{L_{\max}}{D}\right)_{0.3} - \left(4\bar{C}_f \frac{L_{\max}}{D}\right)_{0.9} = 5.2992 - 0.0145 = 5.2847$$

所以 $$L = \frac{D \times 5.2847}{4\bar{C}_f} = \frac{0.25 \times 5.2847}{4 \times 0.006} = 55.05\ (\text{m})$$

出口空气马赫数等于 1 时对应的管长为最大管长，根据最大管长的定义，

$$L' = (L_{\max})_{0.3} = \frac{0.25 \times 5.2992}{4 \times 0.006} = 55.2\ (\text{m})$$

6-11 空气流过一截面积 $A = 10\ \text{cm}^2$ 的等截面直圆管，流动是定常绝能的，若进口气流参数 $Ma_1 = 0.40$，$p_1 = 1.0 \times 10^5$ Pa，$T_1 = 288$ K，圆管的平均摩擦系数 $\bar{C}_f = 0.015$，求：(1) 圆管发生壅塞时的最大管长 $L_{\max}$ 及出口气流参数 p_2 和 T_2；(2) 若管长 L 增大到 $3L_{\max}/2$，流量的变化多大?

解 (1) 据 $Ma_1 = 0.40$ 查附表 7，得

$$4\bar{C}_f \frac{L_{\max}}{D} = 2.3085, \qquad \frac{p_1}{p_{\text{cr}}} = 2.6958, \qquad \frac{T_1}{T_{\text{cr}}} = 1.1628$$

$$L_{\max} = \frac{2.3085D}{4\bar{C}_f} = \frac{2.3085}{4\bar{C}_f} \cdot \sqrt{\frac{4A}{\pi}} = \frac{2.3085}{4 \times 0.015} \times \sqrt{\frac{4 \times 10 \times 10^{-4}}{\pi}} = 1.373\ (\text{m})$$

$$p_2 = p_{\text{cr}} = \frac{p_1}{2.6958} = \frac{1.0 \times 10^5}{2.6958} = 0.37095 \times 10^5\ (\text{Pa})$$

$$T_2 = T_{\text{cr}} = \frac{T_1}{1.1628} = \frac{288}{1.1628} = 247.7\ (\text{K})$$

(2) 当 $L = \frac{3}{2}L_{\max}$ 时，因为 $4\bar{C}_f \frac{L}{D} > 4\bar{C}_f \frac{L_{\max}}{D}$，所以流动将出现壅塞现象，这时

$$4\bar{C}_f \frac{L}{D} = 4\bar{C}_f \frac{L_{\max}}{D} \times \frac{3}{2} = 2.3085 \times \frac{3}{2} = 3.4628$$

令 $4\bar{C}_f L/D = 3.4628$ 为流动稳定后新的进口气流马赫数 Ma_1' 下的最大折合管长，由附表 7，得

$$Ma_1' = 0.30 + \frac{0.35 - 0.30}{3.4525 - 5.2992} \times (3.4628 - 5.2992) = 0.35$$

据 $Ma_1' = 0.35$，$Ma_1 = 0.40$ 查附表 2(b)，得

$$\tau(Ma_1') = 0.9761, \qquad y(Ma_1') = 0.6122$$

$$\tau(Ma_1) = 0.9690, \qquad y(Ma_1) = 0.7022$$

因为 $$\dot{m}=K\frac{p_1}{\sqrt{T_1^*}}Ay(Ma_1)\text{，}\dot{m}'=K\frac{p_1}{\sqrt{T_1'^*}}Ay(Ma_1')$$

$$T_1^*=\frac{T_1}{\tau(Ma_1)}\text{，}\qquad T_1'^*=\frac{T_1F}{\tau(Ma_1')}$$

所以 $$1-\frac{\dot{m}'}{\dot{m}}=\frac{\Delta\dot{m}}{\dot{m}}=1-\sqrt{\frac{\tau(Ma_1')}{\tau(Ma_1)}}\times\frac{y(Ma_1')}{y(Ma_1)}=12.50\%$$

6-12 某涡轮喷气发动机的燃烧室可近似当做等截面加热管来计算，燃烧室进口截面上气流的速度 $v_1=58.3\text{ m/s}$，总温 $T_1^*=325\text{ K}$，静压 $p_1=0.47\times10^5\text{ Pa}$，燃烧室出口截面上气流的速度系数 $\lambda_2=0.51$，燃气的绝热指数 $k=1.33$，气体常数 $R=287.4\text{J/(kg·K)}$，定压比热 $c_p=1.088\text{ kJ/(kg·K)}$，求燃烧室中气流的吸热量及燃烧室出口截面上气流的总温、总压、静温和静压。

解 $$\lambda_1=\frac{v_1}{c_{cr1}}=\frac{v_1}{\sqrt{\frac{2k}{k+1}RT_1^*}}=\frac{58.3}{\sqrt{\frac{2\times1.33}{1.33+1}\times287.4\times325}}=0.179$$

$$z(\lambda_1)=\lambda_1+\frac{1}{\lambda_1}=0.179+\frac{1}{0.179}=5.766$$

$$z(\lambda_2)=\lambda_2+\frac{1}{\lambda_2}=0.51+\frac{1}{0.51}=2.471$$

据 $\lambda_1=0.1785$ 和 $\lambda_2=0.51$ 查附表 2(c)，得

$\tau(\lambda_1)=0.9955$，$\pi(\lambda_1)=0.9818$，$f(\lambda_1)=1.0179$，$r(\lambda_1)=0.9646$

$\tau(\lambda_2)=0.9632$，$\pi(\lambda_2)=0.8596$，$f(\lambda_2)=1.1246$，$r(\lambda_2)=0.7644$

$$T_2^*=\left[\frac{z(\lambda_1)}{z(\lambda_2)}\right]^2T_1^*=\left[\frac{5.766}{2.471}\right]^2\times325=1769.6\text{ (K)}$$

$$q=c_p(T_2^*-T_1^*)=1.088\times(1769.6-325)=1571.7\text{ (kJ/kg)}$$

$$p_2^*=\frac{f(\lambda_1)}{f(\lambda_2)}p_1^*=\frac{f(\lambda_1)}{f(\lambda_2)}\frac{p_1}{\pi(\lambda_1)}=\frac{1.0179}{1.1246}\times\frac{0.47\times10^5}{0.9818}=0.433\times10^5\text{ (Pa)}$$

$$T_2=T_2^*\tau(\lambda_2)=1769.6\times0.9632=1730.5\text{ (K)}$$

$$p_2=p_2^*\pi(\lambda_2)=0.433\times10^5\times0.8596=0.372\times10^5\text{ (Pa)}$$

6-13 空气无摩擦地流过内径 $D=0.3\text{ m}$ 的换热圆管，若圆管进口处空气流的温度 $T_1=300\text{ K}$，压强 $p_1=2.0\times10^5\text{ Pa}$，马赫数 $Ma_1=0.202$，求流动壅塞时所需的加热量以及壅塞状态下出口气流的静温、总温、静压、总压和速度。

解 壅塞状态下圆管出口气流的 $Ma_2=1$，$T_2^*=T_{cr}^*$，$T_2=T_{cr}$，$p_2=p_{cr}$，$v_2=v_{cr}$，$p_2^*=p_{cr}^*$。据 $Ma_1=0.202$ 和 $Ma_2=1$ 查附表 2(b)，得

$z(\lambda_1)=4.765$，　$\lambda_1=0.22$，　$\tau(\lambda_1)=0.9919$

$\pi(\lambda_1)=0.9720$，　$r(\lambda_1)=0.9461$，　$f(\lambda_1)=1.0274$

$z(\lambda_2)=2.000$，　$\lambda_2=1$，　$\tau(\lambda_2)=0.8333$

$r(\lambda_2)=0.4167$，　$f(\lambda_2)=1.2679$

$$T_{cr}^* = \left[\frac{z(\lambda_1)}{z(\lambda_2)}\right]^2 T_1^* = \left[\frac{z(\lambda_1)}{z(\lambda_2)}\right]^2 \frac{T_1}{\tau(\lambda_1)} = \left[\frac{4.765}{2}\right]^2 \times \frac{300}{0.9919} = 1716.8\ (\text{K})$$

$$q = c_p(T_{cr}^* - T_1^*) = \frac{kR}{k-1}\left[T_{cr}^* - \frac{T_1}{\tau(\lambda_1)}\right]$$

$$= \frac{1.4 \times 287.06}{1.4-1} \times \left(1716.8 - \frac{300}{0.9919}\right) = 1421\ (\text{kJ/kg})$$

$$T_{cr} = \left[\frac{z(\lambda_1)}{z(\lambda_2)}\right]^2 \frac{\tau(\lambda_2)}{\tau(\lambda_1)} T_1 = \left[\frac{4.765}{2}\right]^2 \times \frac{0.8333}{0.9919} \times 300 = 1430.6\ (\text{K})$$

$$p_{cr} = \frac{r(\lambda_2)}{r(\lambda_1)} p_1 = \frac{0.4167}{0.9461} \times 2.0 \times 10^5 = 0.8809 \times 10^5\ (\text{Pa})$$

$$p_{cr}^* = \frac{f(\lambda_1)}{f(\lambda_2)} \frac{p_1}{\pi(\lambda_1)} = \frac{1.0274}{1.2679} \times \frac{2.0 \times 10^5}{0.9720} = 1.6673 \times 10^5\ (\text{Pa})$$

$$v_{cr} = \frac{\lambda_2 z(\lambda_1)}{\lambda_1 z(\lambda_2)} v_1 = \frac{\lambda_2 z(\lambda_1)}{\lambda_1 z(\lambda_2)} Ma_1 \sqrt{kRT_1}$$

$$= \frac{1 \times 4.765}{0.22 \times 2.0} \times 0.202 \times \sqrt{1.4 \times 287.06 \times 300} = 759.6\ (\text{m/s})$$

6-14　空气在等直径圆管中无摩擦地流动，由于受到加热，速度由 $v_1 = 100\ \text{m/s}$ 增大到 $v_2 = 300\ \text{m/s}$，若加热前气体的温度 $T_1 = 300\ \text{K}$，求压强降低的数值。

解

$$Ma_1 = \frac{v_1}{\sqrt{kRT}} = \frac{100}{\sqrt{1.4 \times 287.06 \times 300}} = 0.2880$$

据 $Ma_1 = 0.2880$ 查附表 2(b)，得

$$z(\lambda_1) = 3.536 + \frac{3.445 - 3.536}{0.2947 - 0.2850} \times (0.2880 - 0.2850) = 3.5079$$

$$\lambda_1 = 0.31 + \frac{0.32 - 0.31}{0.2947 - 0.2850} \times (0.2880 - 0.2850) = 0.313$$

$$\frac{z(\lambda_2)}{\lambda_2} = 1 + \frac{1}{\lambda_2^2} = \frac{v_1 z(\lambda_1)}{v_2 \lambda_1} = \frac{100 \times 3.5079}{300 \times 0.313}$$

$$\lambda_2 = 0.605$$

据 $\lambda_1 = 0.313$ 和 $\lambda_2 = 0.605$ 查附表 2(b)，得

$$r(\lambda_1) = 0.8977 + \frac{0.8917 - 0.8977}{0.32 - 0.31} \times (0.313 - 0.31) = 0.8959$$

$$r(\lambda_2) = \frac{0.6912 + 0.6836}{2} = 0.6874$$

$$\frac{p_2}{p_1} = \frac{r(\lambda_2)}{r(\lambda_1)} = \frac{0.6874}{0.8959} = 0.7673$$

$$1 - \frac{p_2}{p_1} = 1 - 0.7673 = 23.27\%$$

6-15　某固体火箭发动机药柱圆柱形内孔直径 $D = 0.025\ \text{m}$，药柱燃烧速度 $v_b = 0.025\ \text{m/s}$，推进剂的密度 $\rho_p = 2500\ \text{kg/m}^3$，燃气的绝热指数 $k = 1.25$，

火焰温度 $T_f = 3000\ \mathrm{K}$，药柱长度 $L = 0.30\ \mathrm{m}$，喷管喉部面积 $A_t = 0.00030\ \mathrm{m}^2$，药柱始端参数用下标 0 来表示，末端参数用下标 e 来表示。假设喷管中的流动为绝能等熵流动，试求：(1) 喷管进口燃气的质量流量、马赫数和总压；(2) 药柱始端气流的总压；(3) 通过喷管的最大流量；(4) 药柱始端气流和末端气流间的静压差。

解 (1) 因为流入喷管的燃气由药柱燃烧产生，且产生的燃气全部流入了喷管，所以喷管进口燃气的质量流量

$$\dot{m}_e = \pi D L v_b \rho_p = \pi \times 0.025 \times 0.30 \times 0.025 \times 2500 = 1.473\ (\mathrm{kg/s})$$

对喷管进口截面和喉部截面之间的空间体积施用连续方程，得

$$q(\lambda_e) = \frac{A_t}{A_e} = \frac{4A_t}{\pi D^2} = \frac{4 \times 0.00030}{\pi \times (0.025)^2} = 0.6112$$

据 $q(\lambda_e) = 0.6112$ 查附表 2(d)，得 $Ma_e = 0.3918$ 。由连续方程知，通过喷管进口截面和通过喷管喉部截面的质量流量是相等的，又因为喷管中的流动是绝能等熵流动，全部滞止参数都是常数，且喷管喉部截面是临界截面，$q(Ma_t) = 1$ ，所以根据流量计算公式

$$\dot{m}_e = \dot{m}_t = K\frac{p_t^*}{\sqrt{T_t^*}}A_t = K\frac{p_e^*}{\sqrt{T_f}}A_t$$

$$p_e^* = \frac{\dot{m}_e\sqrt{T_f}}{KA_t} = \frac{1.473 \times \sqrt{3000}}{0.0362 \times 0.00030} = 7.429055 \times 10^6\ (\mathrm{Pa})$$

(2) 由 $Ma_0 = 0$ ，$Ma_e = 0.3918$

$$\frac{p_0^*}{p_{\mathrm{cr}}^*} = (k+1) \times \left(\frac{2}{k+1}\right)^{\frac{k}{k-1}}$$

$$\frac{p_e^*}{p_{\mathrm{cr}}^*} = \frac{k+1}{1+kMa_e^2}\left[\left(\frac{2}{k+1}\right)\left(1+\frac{k-1}{2}Ma_e^2\right)\right]^{\frac{k}{k-1}}$$

得

$$\frac{p_0^*}{p_e^*} = \frac{1+kMa_e^2}{\left(1+\frac{k-1}{2}Ma_e^2\right)^{\frac{k}{k-1}}}$$

所以

$$p_0^* = \frac{1+kMa_e^2}{\left(1+\frac{k-1}{2}Ma_e^2\right)^{\frac{k}{k-1}}}p_e^*$$

$$= \frac{1+1.25 \times 0.3918^2}{\left(1+\frac{1.25-1}{2} \times 0.3918^2\right)^{\frac{1.25}{1.25-1}}} \times 7.429055 \times 10^6$$

$$= 8.051841 \times 10^6\ (\mathrm{Pa})$$

(3) 由 $Ma_e = 0.3918$ 及

$$\frac{\dot{m}_e}{\dot{m}_{\mathrm{cr}}} = \frac{Ma_e\left[2(k+1)\left(1+\frac{k-1}{2}Ma_e^2\right)\right]^{1/2}}{1+kM_e^2}$$

得 $$\dot{m}_{cr}=\frac{1+kMa_e^2}{Ma_e\left[2(k+1)\left(1+\frac{k-1}{2}Ma_e^2\right)\right]^{1/2}}\dot{m}_e$$

$$=\frac{1+1.25\times0.3918^2}{0.3918\times\left[2\times(1.25+1)\times\left(1+\frac{1.25-1}{2}\times0.3918^2\right)\right]^{0.5}}\times1.473$$

$$=2.092\ (\text{kg/s})$$

(4) 据 $Ma_e=0.3918$ 查附表 2(d)，得

$$\frac{p_e}{p_e^*}=\pi(Ma_e)=0.9095$$

因为 $Ma_0=0$，所以

$$p_0=p_0^*$$

$$\Delta p=p_0-p_e=p_0^*-p_e^*\pi(Ma_e)=(8.051841-7.429055\times0.9095)\times10^6$$
$$=1.295115\times10^6\ (\text{Pa})$$

第 7 章　黏性流体流动的基本知识

7.1　内 容 提 要

一切实际流体都具有黏性，不同的只是有的流体的黏性大，有的流体的黏性小。本章依次介绍了黏性流体的流动状态、管内流体流动的速度分布、水头损失的概念和计算、简单管路和复杂管路、边界层的知识等工程实践中用得很多的黏性流体流动知识，其中重要的基本概念、基本理论和基本方程如下。

1. 基本概念

1）流体的黏性

实际流体都具有黏性，不同的只是有的流体的黏性大，有的流体的黏性小。

2）黏性流体的流动状态

黏性流体的流动有两种状态，一种是层流流动，另一种是湍流流动，具体流动状态由雷诺数确定。对于管内流动，雷诺数 $\leqslant 2300$ 时，流动为层流流动；雷诺数 > 2300 时，流动为湍流流动。

3）进口段

管道入口处，边界层的厚度由零增大到管道半径，即边界层的外缘达到管道中心的这段管长称为进口段。

4）充分发展的流动

在进口段下游，流速分布不再变化的流动称为充分发展的流动。

5）水头损失

黏性流体在管内流动过程中所损失的机械能称为水头损失。水头损失分沿程损失和局部损失两种。

6）沿程损失

黏性流体流动过程中，沿流程克服内摩擦阻力所损失的机械能称为沿程损失。沿程损失是一种沿管道长度上的能量损失。

7）局部损失

由于管道截面面积的突然扩大或突然缩小、弯头以及其他管路配件等产生的局部范围内的机械能损失称为局部损失。

8）简单管路

具有相同直径、相同流量的管道称为简单管路。

9）边界层

物面附近流速有很大变化的薄层区域称为边界层。

10）压差阻力

由于物体前后表面的压强分布不对称而产生的阻力称为压差阻力，压差阻力的大小与物体形状有关，所以压差阻力也称为形状阻力。

11）边界层分离

边界层内流体出现倒流，从而使得边界层脱离固体壁面的现象称为边界层分离。

12）边界层分离的必要条件

壁面黏性阻滞作用和逆压梯度是边界层产生分离的必要条件，但不是充分条件，具体情况下能不能产生分离，还要看逆压梯度的大小，逆压梯度小时可以不产生分离。

2. 基本理论和基本方程

1）雷诺数的计算公式

对于管内流动

$$Re=\frac{\rho v_{\mathrm{m}} d_e}{\mu}=\frac{v_{\mathrm{m}} d_e}{\nu}$$

式中，Re 是雷诺数；ρ 是流体的密度；v_{m} 是管道横截面上流体的平均速度；μ 是流体的动力黏性系数；ν 是流体的运动黏性系数；d_e 是管道的当量直径。

$$d_e=\frac{4A}{S}$$

式中，A 是过流截面积；S 是湿周长。

2）雷诺数的物理意义

雷诺数的物理意义是流体运动时，流体微团的惯性力与其所受黏性力的比值。

3）湍流的结构

湍流流动可分为三个区域：一是层流底层；二是过渡区；三是湍流核心区。层流底层的厚度 δ_s 与雷诺数 Re 成反比关系，雷诺数愈大，层流底层愈薄。

4）沿程损失的计算公式

$$h_f=\zeta\cdot\frac{L}{d}\cdot\frac{v_{\mathrm{m}}^2}{2g}$$

式中，h_f 是沿程损失；L 是相应于沿程损失 h_f 的管道长度；d 是管道直径；v_{m} 是管道横截面上的平均速度；g 是重力加速度；ζ 是沿程损失系数。

$Re\leqslant 2300$ 时，　　$\zeta=\dfrac{64}{Re}$

$Re>2300$ 时，　　$\zeta=0.11\left(\dfrac{68}{Re}+\dfrac{\Delta}{d}\right)^{0.25}$

式中，d 是管道直径；Δ 是管道内壁的粗糙度。

5）局部损失的计算公式

$$h_j = \zeta' \frac{v_2^2}{2g}$$

式中，h_j 是局部损失；ζ' 是局部损失系数；v_2 是局部损失结束后的截面 2-2 上的平均流速，其中局部损失系数的大小可由相关教材或水力学手册查得。

6）边界层内压强分布的特点

物面曲率不大时，边界层内压强沿物面法线方向不变，即

$$\frac{\partial p}{\partial y} = 0$$

7）临界雷诺数

用来流速度及转捩点与前缘间的距离 x_{cr} 作为特征长度计算得到的雷诺数称为临界雷诺数，即

$$Re_{cr} = \frac{v_\infty x_{cr}}{\nu}$$

8）平板摩擦阻力系数

$$C_f = \frac{F_f}{\frac{1}{2}\rho v_\infty^2 A}$$

式中，F_f 是单面平板受到的摩擦阻力；A 是平板的面积，$A = bL$，b 是平板的宽度，L 是平板的长度。

3. 常用公式

1）雷诺数的计算公式

$$Re = \frac{\rho v_m L}{\mu} = \frac{v_m L}{\nu}$$

式中，L 是特征长度，对于管道是当量直径，对于平板是长度。

2）沿程损失的计算公式

$$h_f = \zeta \cdot \frac{L}{d} \cdot \frac{v_m^2}{2g}$$

3）局部损失的计算公式

$$h_j = \zeta' \frac{v_2^2}{2g}$$

4）平板摩擦阻力系数的计算公式

$$C_f = \frac{F_f}{\frac{1}{2}\rho v_\infty^2 A}$$

4. 常见问题

(1) 对雷诺数的计算公式认识不足，因此不能灵活分析流动状态随流速、管径、流体、温度的变化，如教材中的思考题 7.2。

(2) 对当量直径的定义理解不够，将过流截面积理解成了管道横截面面积，将湿周长理解成了管道周长，从而造成了流体未充满管道情况的计算错误。

(3) 对局部损失的形成认识不足，结果在分析、计算中遗漏了某些局部损失。解决这一问题的办法是要充分认识局部损失是固体边壁发生急剧变化和管内存在障碍物处局部区域内的机械能损失，因此对于这些特殊区域要给以特别注意。

7.2 典型题目解析

例 7.1 已知水在直径 $d=80\text{mm}$ 的圆管中流动，流量 $Q=6.0\times10^{-3}\ \text{m}^3/\text{s}$，水的运动黏性系数 $\nu_{水}=1.1\times10^{-6}\ \text{m}^2/\text{s}$，确定水的流动属于层流还是湍流。如果将水换成油，保持流量不变，油的运动黏性系数 $\nu_{油}=2.8\times10^{-4}\ \text{m}^2/\text{s}$，问管内流动的状态有无变化？流动属于层流还是湍流？

分析 流动状态的判别需使用雷诺数，因此必须先求出雷诺数，然后将求出的雷诺数与流动状态转变时的临界雷诺数进行比较。

解 $$Re_{水}=\frac{v_m d}{\nu_{水}}=\frac{\dfrac{Q}{\pi d^2/4}d}{\nu_{水}}=\frac{4Q}{\pi d\nu_{水}}=\frac{4\times6.0\times10^{-3}}{\pi\times80\times10^{-3}\times1.1\times10^{-6}}=86811.9$$

因为 $Re_{水}=86811.9>Re_{cr}=2300$，所以管内水的流动属于湍流流动。

$$Re_{油}=\frac{v_m d}{\nu_{油}}=\frac{4Q}{\pi d\nu_{油}}=\frac{4\times6.0\times10^{-3}}{\pi\times80\times10^{-3}\times2.8\times10^{-4}}=341.0$$

因为 $Re_{油}=341.0<Re_{cr}=2300$，所以将水换成油后，管内流动状态发生了变化，流动变为层流流动。

【提示】 管内流体流动的状态由雷诺数确定，雷诺数较小时，流动为层流流动，雷诺数较大时，流动为湍流流动。因为雷诺数的大小与管道横截面上流体的平均速度 v_m 及管径 d 成正比关系，与流体的运动黏性系数 ν 成反比关系，所以增大管道横截面上流体的平均速度或增大管径，流动将向湍流流动发展，而增大流体的运动黏性系数，流动将向层流流动发展。

例 7.2 如图 7.1 所示，离心泵将水池 A 中的水通过长 $L=100\ \text{m}$、直径 $d=5\ \text{cm}$ 的管道送入水池 B，体积流量 $Q=0.005\ \text{m}^3/\text{s}$，水的密度 $\rho=1000\ \text{kg/m}^3$，水的运动黏性系数 $\nu=1.0\times10^{-6}\ \text{m}^2/\text{s}$，管道内壁的相对粗糙度 $\Delta/d=0.002$，局部损失系数分别为入口处 $\zeta_1'=0.5$，阀门 $\zeta_2'=2.7$，两个弯头 $\zeta_3'=\zeta_4'=0.25$，出口处 $\zeta_5'=1.0$。若泵的效率为 80 %，求需要为泵提供的功率应为多少？

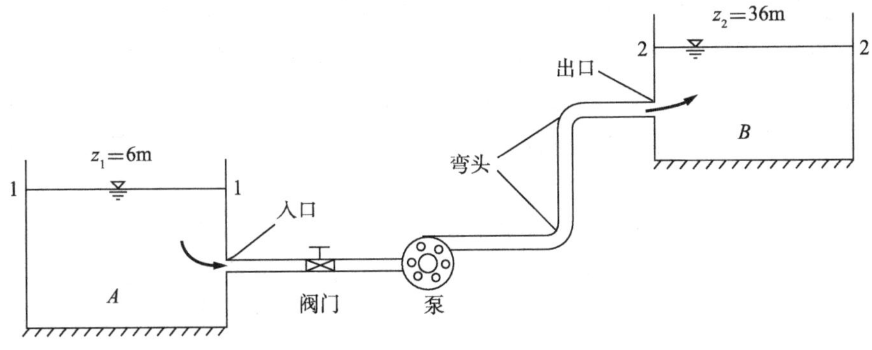

图 7.1　例 7.2 图

分析　通过黏性流体的伯努利方程和水头损失的计算可以求出水泵提供给水的水头值，再利用求出的水泵提供给水的水头值和水泵的效率即可求出需要为泵提供的功率。

解　设水泵提供给水的水头为 H ，对两水池水面使用黏性流体的伯努利方程，得

$$z_1+\frac{v_{1m}^2}{2g}+\frac{p_1}{\rho g}+H=z_2+\frac{v_{2m}^2}{2g}+\frac{p_2}{\rho g}+h_w$$

因为 $v_{1m}=v_{2m}=0$ ，$p_1=p_2=p_a$ ，所以

$$H=z_2-z_1+h_w=z_2-z_1+\left(\zeta\frac{L}{d}+\sum_{i=1}^{5}\zeta_i\right)\frac{v_m^2}{2g}$$

而

$$v_m=\frac{4Q}{\pi d^2}=\frac{4\times 0.005}{\pi\times 0.05^2}=2.55\ (\text{m/s})$$

$$Re=\frac{v_m d}{\nu}=\frac{2.55\times 0.05}{1.0\times 10^{-6}}=1.275\times 10^5>2300$$

故管内流动为湍流状态，

$$\zeta=0.11\left(\frac{68}{Re}+\frac{\Delta}{d}\right)^{0.25}=0.11\times\left(\frac{68}{1.275\times 10^5}+0.002\right)^{0.25}=0.025$$

$$\begin{aligned}H&=z_2-z_1+\left(\zeta\frac{L}{d}+\sum_{i=1}^{5}\zeta_i\right)\frac{v_m^2}{2g}\\&=36-6+\left(0.025\times\frac{100}{0.05}+0.5+2.7+2\times 0.25+1\right)\times\frac{2.55^2}{2\times 9.8}\\&=48.15\ (\text{m})\end{aligned}$$

水泵提供给水的功率为

$$N=\rho gQH=1000\times 9.8\times 0.005\times 48.15=2.359\ (\text{kW})$$

水泵需要的功率为

$$N'=\frac{N}{80\%}=\frac{2.359}{0.80}=2.948\ (\text{kW})$$

【提示】　求解简单管路问题除了要正确使用黏性流体的伯努利方程外，还

要正确求解水头损失，其中沿程损失只要把握好流态判别和计算公式的选用一般不容易出错，容易出错的是局部损失，主要错误是分析不全，把某些局部损失漏了，避免这种错误的办法是要把握好局部损失是固体边壁发生急剧变化和管内存在障碍物处局部区域内的机械能损失，因此对于这些特殊区域需要给以特别注意。

例 7.3 一平板长 $L=2$ m、宽 $b=1$ m，在空气中以速度 $v_\infty=2.42$ m/s 沿平板长度方向运动，空气的密度 $\rho=1.225$ kg/m^3，运动黏性系数 $\nu=1.45\times10^{-5}$ m^2/s，临界雷诺数 $Re_{cr}=5\times10^5$ 。(1) 求平板的摩擦阻力；(2) 若将平板的长度改为 5 m，其他参数不变，求平板的摩擦阻力。

分析 平板摩擦阻力的计算涉及边界层的种类，因此需先判别边界层的种类，然后才能用相应的公式进行计算。

解
$$x_{cr}=Re_{cr}\cdot\frac{\nu}{v_\infty}=5\times10^5\times\frac{1.45\times10^{-5}}{2.42}=3.0\ (\text{m})$$

所以平板长度 $L=2$ m 时，边界层为层流边界层；平板长度 $L=5$ m 时，边界层为混合边界层。

(1)
$$Re_L=\frac{v_\infty L}{\nu}=\frac{2.42\times2}{1.45\times10^{-5}}=3.33793\times10^5$$

$$C_f=\frac{1.46}{\sqrt{Re_L}}=\frac{1.46}{\sqrt{3.33793\times10^5}}=0.00253$$

因为平板运动时双面受摩擦阻力，所以

$$F_f=\frac{1}{2}\rho v_\infty^2A\cdot C_f\times2=0.5\times1.225\times2.42^2\times2\times1\times0.00253\times2=0.03630\ (\text{N})$$

(2)
$$Re_L=\frac{v_\infty L}{\nu}=\frac{2.42\times5}{1.45\times10^{-5}}=8.34483\times10^5$$

$$C_f=\frac{0.074}{Re_L^{1/5}}-\frac{1700}{Re_L}=\frac{0.074}{(8.34483\times10^5)^{0.2}}-\frac{1700}{8.34483\times10^5}=0.00280$$

$$F_f=\frac{1}{2}\rho v_\infty^2A\cdot C_f\times2=0.5\times1.225\times2.42^2\times5\times1\times0.00280\times2=0.10044\ (\text{N})$$

【提示】 摩擦阻力的求解是工程实践中的一类重要问题，解决这类问题的关键在于：一要正确判别边界层的种类；二要正确选用相应的计算公式。

7.3 思考题解答

7.1 实验室中等直径玻璃圆管中的流动状态可否由圆管横截面的平均流速决定？为什么？

答 可以。因为圆管内流体的流动状态由无量纲组合参数雷诺数 Re 决定

$$Re=\frac{\rho v_m d}{\mu}=\frac{v_m d}{\nu}$$

而实验时管内流体的密度 ρ 、圆管的直径 d 以及流体的动力黏性系数 μ 或运动黏性系数 ν 都是定值，所以管内流动状态由圆管横截面的平均流速 v_m 决定。

7.2 在高温与低温两种温度情况下，为了保持管内的层流流态，试问哪种情况下管内原油的流速可以更大些？为什么？

答 低温下管内原油的流速可以更大些。因为管内流动状态的判据是雷诺数，雷诺数与流速成正比，与流体的黏度成反比，而液体的黏度随温度的降低而增大，所以低温下管内原油的流速可以更大些。

7.3 对于非圆形管道，如何判别管内流动状态？说明判别方法。

答 对于非圆形管道，判断管内流动状态的判据仍是雷诺数，不同的只是这时雷诺数中的特征尺度需用管道的当量直径 d_e ，即

$$Re_d = \frac{\rho v d_e}{\mu}, \qquad d_e = \frac{4A}{\chi}$$

式中，A 是过流截面积；χ 是湿周长，即流体与固体边界相接触的周长。

7.4 说明方程

$$p + \frac{1}{2}\rho v^2 = 常数$$

是什么方程？以及该方程能否在边界层内使用？能否在边界层外使用？为什么？

答 该方程是伯努利方程，不能在边界层内使用，因为边界层内必须考虑流体黏性的作用，而该方程的使用条件是无黏、定常、不可压缩、质量力为重力及高度不变或重力势能的影响可以忽略。至于边界层外，虽然流体黏性的作用可以忽略，但还需满足定常、不可压缩、质量力为重力及高度不变或重力势能的影响可以忽略不计等条件才能使用。

7.5 何为水头损失？水头损失有几种？各有什么特点？

答 黏性流体在管内流动时所损失的机械能称为水头损失。水头损失有沿程损失和局部损失两种，其中沿程损失是沿流程的机械能损失，它的大小与相应沿程损失的管道长度及管截面上的平均流速成正比关系，与管道直径成反比关系；局部损失是流体流动时由于管道截面面积的突然扩大或突然缩小、弯头以及其他管路配件等产生的机械能损失，局部损失是局部范围内的能量损失，它的大小与产生局部损失的局部障碍形式有很大关系。

7.6 边界层分离是流体黏性和逆压梯度共同作用的结果，因为实际流体都具有黏性，所以只要有逆压梯度边界层就一定会分离。这话对吗？为什么？

答：不对，流体黏性和逆压梯度是边界层产生分离的必要条件，但不是充分条件，具体情况下能不能产生分离，还要看逆压梯度的大小，逆压梯度小时可以不产生分离。例如，流体绕翼型的流动，当来流攻角很小时，沿翼面的逆压梯度很小，边界层就没有分离。

7.7 试举例说明日常生活和工程实践中减小运动物体阻力的现象和方法。

答 略。

7.4 习题解答

7-1　某喷气发动机耗油量 $\dot{m}=0.667\ \text{kg/s}$，从油箱到发动机的供油管长 $L=20\ \text{m}$，内径 $d=1\ \text{cm}$，油的密度 $\rho=667\ \text{kg/m}^3$，油的运动黏性系数 $\nu=1.05\times10^{-6}\ \text{m}^2/\text{s}$，确定油的流动属于层流还是湍流。

解　$v_{\text{m}}=\dfrac{\dot{m}}{\rho A}=\dfrac{\dot{m}}{\rho\dfrac{\pi}{4}d^2}=\dfrac{4\dot{m}}{\rho\pi d^2}=\dfrac{4\times0.677}{667\times\pi\times0.01^2}=12.7\ (\text{m/s})$

$$Re=\frac{v_{\text{m}}d}{\nu}=\frac{12.7\times0.01}{1.05\times10^{-6}}=120952$$

因为 $Re=120952>Re_{\text{cr}}=2300$，所以管内流动为湍流流动。

7-2　水在直径 $d=0.015\ \text{m}$ 的旧的生锈钢管中以平均速度 $v_{\text{m}}=0.17\ \text{m/s}$ 流动，水的运动黏性系数 $\nu=1.3\times10^{-6}\ \text{m}^2/\text{s}$，钢管内壁的粗糙度 $\Delta=0.5\ \text{mm}$，求水流长度 $L=30\ \text{m}$ 上的沿程损失。如果管壁的情况不变，管径 $d=0.30\ \text{m}$，水流的平均速度 $v_{\text{m}}=3\text{m/s}$，求同样水流长度上的沿程损失。

解　因为管径 $d=0.015\ \text{m}$，平均速度 $v_{\text{m}}=0.20\ \text{m/s}$ 时，

$$Re=\frac{v_{\text{m}}d}{\nu}=\frac{0.17\times0.015}{1.3\times10^{-6}}=1961.5<2300$$

故管中水的流动为层流流动，

$$\zeta=\frac{64}{\text{Re}}$$

$$\Delta p=\zeta\cdot\frac{L}{d}\cdot\frac{\rho v_m^2}{2}=\frac{64}{1961.5}\times\frac{30}{0.015}\times\frac{1000\times(0.17)^2}{2}=943.0\ (\text{Pa})$$

因为管径 $d=0.30\ \text{m}$，平均速度 $v_{\text{m}}=3\ \text{m/s}$ 时，

$$Re=\frac{v_{\text{m}}d}{\nu}=\frac{3\times0.30}{1.3\times10^{-6}}=692307.7>2300$$

故管中水的流动为湍流流动，

$$\zeta=0.11\left(\frac{68}{Re}+\frac{\Delta}{d}\right)^{0.25}$$

$$\Delta p=\zeta\cdot\frac{L}{d}\cdot\frac{\rho v_{\text{m}}^2}{2}=0.11\times\left(\frac{68}{692307.7}+\frac{0.5\times10^{-3}}{0.30}\right)^{0.25}\times\frac{30}{0.30}\times\frac{1000\times3^2}{2}$$
$$=10145.8\ (\text{Pa})$$

7-3　油的密度 $\rho=780\ \text{kg/m}^3$，黏性系数 $\mu=1.87\times10^{-3}\text{Pa/s}$，通过直径 $d=30\ \text{mm}$、长 $L=6500\ \text{m}$ 的管道，流量 $Q=0.002\ \text{m}^3/\text{s}$，管道内表面的粗糙度 $\Delta=0.75\ \text{mm}$，求压强降 Δp。

解　$$v_{\text{m}}=\frac{Q}{A}=\frac{4Q}{\pi d^2}=\frac{4\times0.002}{\pi\times0.03^2}=2.829\ (\text{m/s})$$

$$Re=\frac{\rho v_{\rm m}d}{\mu}=\frac{780\times 2.829\times 0.03}{1.87\times 10^{-3}}=35400$$

因为 $Re=35400>Re_{\rm cr}=2300$，所以流动是湍流流动，

$$\zeta=0.11\left(\frac{68}{Re}+\frac{\Delta}{d}\right)^{0.25}=0.11\times\left(\frac{68}{35400}+\frac{0.75\times 10^{-3}}{30\times 10^{-3}}\right)^{0.25}=0.045$$

根据
$$h_f=\zeta\cdot\frac{L}{d}\cdot\frac{v_{\rm m}^2}{2g}=\frac{\Delta p}{\rho g}$$

得 $\Delta p=\zeta\cdot\dfrac{L}{d}\cdot\dfrac{\rho v_{\rm m}^2}{2}=0.045\times\dfrac{6.5\times 10^3}{0.03}\times\dfrac{780\times 2.829^2}{2}=3.0432\times 10^7\ (\text{Pa})$

7-4　如图 7.2 所示，水由一个横截面很大的水箱经 10 m 长的圆管流出，圆管直径 $d=0.1$ m，圆管内壁的粗糙度 $\Delta=0.5$ mm，水的运动黏性系数 $\nu=1.3\times 10^{-6}\,\text{m}^2/\text{s}$，圆管出口通大气，若要保持水的流量 $\dot{m}=39.3$ kg/s，求水箱中水面应比圆管轴线高出多少？

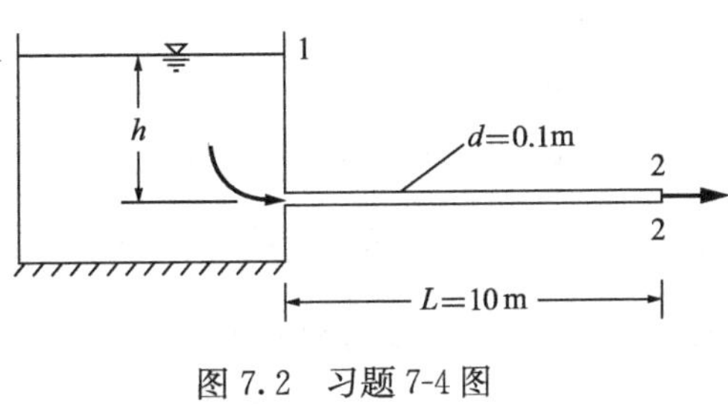

图 7.2　习题 7-4 图

解　设水箱水面为截面 1，圆管出口截面为截面 2。对截面 1 和截面 2 使用黏性流体的伯努利方程，得

$$z_1+\frac{p_1}{\rho g}+\frac{v_1^2}{2g}=z_2+\frac{p_2}{\rho g}+\frac{v_2^2}{2g}+h_w$$

因为　$z_1=h$，　$z_2=0$，　$p_1=p_2=p_{\rm a}$（大气压强），　$v_1=0$

$$v_2=\frac{\dot{m}}{\rho A_2}=\frac{4\dot{m}}{\rho\pi d^2}=\frac{4\times 39.3}{1000\times\pi\times 0.1^2}=5.0\ (\text{m/s})$$

而
$$h_w=h_f+h_j=\left(\zeta\frac{L}{d}+\zeta'\right)\frac{v_2^2}{2g}$$

所以
$$h=\frac{v_2^2}{2g}+h_w=\frac{v_2^2}{2g}+h_f+h_j=\left(1+\zeta\frac{L}{d}+\zeta'\right)\frac{v_2^2}{2g}$$

由表 7.2* 查得 $\zeta'=0.5$。又由

$$Re=\frac{v_2 d}{\nu}=\frac{5.0\times 0.1}{1.3\times 10^{-6}}=384615.4>2300$$

可以知道管内流动为湍流流动

$$\zeta=0.11\left(\frac{68}{Re}+\frac{\Delta}{d}\right)^{0.25}$$

故

---

* 指原涓兰主编《气体动力学》书中表。

$$h=\frac{v_2^2}{2g}+h_w=\frac{v_2^2}{2g}+h_f+h_j=\left(1+\zeta\frac{L}{d}+\zeta'\right)\frac{v_2^2}{2g}$$

$$=\left[1+0.11\left(\frac{68}{Re}+\frac{\Delta}{d}\right)^{0.25}\frac{L}{d}+\zeta'\right]\frac{v_2^2}{2g}$$

$$=\left[1+0.11\times\left(\frac{68}{384615.4}+\frac{0.5\times10^{-3}}{0.1}\right)^{0.25}\times\frac{10}{0.1}+0.5\right]\times\frac{5.0^2}{2g}$$

$$=5.68\ (\mathrm{m})$$

7-5　某大型鱼雷长 $L=8\ \mathrm{m}$，浸水面积约为 $A=13.2\ \mathrm{m}^2$，运动速度为 $v_\infty=26\ \mathrm{m/s}$，试求该鱼雷受到的海水摩擦阻力。已知海水的密度 $\rho=1020\ \mathrm{kg/m^3}$，运动黏性系数 $\nu=1.02\times10^{-6}\ \mathrm{m^2/s}$，且鱼雷可等价为速度、长度、沾湿面积相同的光滑平板来计算。

解　取 $Re_{\mathrm{cr}}=5\times10^5$，则

$$x_{\mathrm{cr}}=Re_{\mathrm{cr}}\cdot\frac{\nu}{v_\infty}=5\times10^5\times\frac{1.02\times10^{-6}}{26}=0.02\ (\mathrm{m})$$

因为 $x_{\mathrm{cr}}<L$，所以边界层为混合边界层。由

$$Re_L=\frac{v_\infty L}{\nu}=\frac{26\times8}{1.02\times10^{-6}}=2.04\times10^8$$

得　$$C_f=\frac{0.455}{(\lg Re_L)^{2.58}}-\frac{1700}{Re_L}=\frac{0.455}{[\lg(2.04\times10^8)]^{2.58}}-\frac{1700}{2.04\times10^8}=1.921\times10^{-3}$$

故　$$F_f=\frac{1}{2}\rho v_\infty^2A\cdot C_f=0.5\times1020\times26^2\times13.2\times1.921\times10^{-3}=8742.1\ (\mathrm{N})$$

第 8 章　不可压平面势流

8.1　内 容 提 要

本章介绍了涡量和速度环量、速度势和流函数等基本概念，在拉普拉斯方程的可叠加性基础上介绍了平面不可压势流的基本解以及简单流动的叠加，其中重要的基本概念、基本理论和基本方程如下。

1. 基本概念

1）涡量

流体微元速度矢量的旋度：$\boldsymbol{\Omega} = \nabla \times \boldsymbol{v}$ 。

2）速度环量

在流场中，速度矢量沿一封闭曲线的线积分，$\Gamma = \oint_C \boldsymbol{v} \cdot \mathrm{d}\boldsymbol{s}$ ，积分方向取绕曲线 C 的逆时针方向。

3）速度势

无旋流场中满足 $\nabla \phi = \boldsymbol{v}$ 的标量 ϕ 。

4）流函数

对流线微分方程 $\dfrac{\mathrm{d}y}{\mathrm{d}x} = \dfrac{v_y}{v_x}$ 进行积分得到代数方程 $f(x,y) = c$ ，称 $\psi = f(x,y)$ 为流函数，$\psi = c$ 对应一条流线的方程。

5）压强系数

将流场中一点处的压强表达为无量纲的物理量：$C_p = \dfrac{p - p_\infty}{\dfrac{1}{2}\rho_\infty v_\infty^2}$ 。式中，p 为流场中一点处的压强；p_∞ 为来流压强；$\dfrac{1}{2}\rho_\infty v_\infty^2$ 为来流动压。

2. 基本理论和基本方程

1）斯托克斯（Stokes）定理

速度环量 Γ 与涡量 Ω 的关系：$\Gamma = \oint_C \boldsymbol{v} \cdot \mathrm{d}\boldsymbol{s} = \iint_A (\nabla \times \boldsymbol{v}) \cdot \mathrm{d}\boldsymbol{A} = \iint_A \boldsymbol{\Omega} \cdot \mathrm{d}\boldsymbol{A}$ 。式中，A 是流场中以封闭曲线 C 为边界的曲面；$\mathrm{d}\boldsymbol{A}$ 是曲面 A 上一微元面积矢量，其方向与该微元面的法向矢量一致，并与 $\mathrm{d}\boldsymbol{s}$ 成右手定则关系。定理的物理意义

是：通过曲面 A 的涡通量等于沿该曲面边界所得的速度环量。

2）速度势 ϕ 和流函数 ψ 均满足拉普拉斯方程

$$\frac{\partial^2\phi}{\partial x^2}+\frac{\partial^2\phi}{\partial y^2}+\frac{\partial^2\phi}{\partial z^2}=0\ ,\quad \frac{\partial^2\psi}{\partial x^2}+\frac{\partial^2\psi}{\partial y^2}=0$$

拉普拉斯方程具有可叠加性，即如果 ϕ_1 、ϕ_2 、…、ϕ_n 是拉普拉斯方程的解，那么 $\phi_0=\phi_1+\phi_2+\cdots+\phi_n$ 亦是拉普拉斯方程的解。

3）简单流动的叠加

点源和点汇无限靠近形成偶极子；直匀流与相隔一定距离的点源和点汇叠加，得到的流动相当于直匀流流过椭圆柱体；直匀流与偶极子叠加，得到的流动相当于直匀流流过圆柱体；直匀流、偶极子和点涡的叠加，相当于直匀流流过具有速度环量的圆柱体，这时圆柱体受到升力作用。

4）库塔-茹科夫斯基（Kutta-Joukowski）定理

在不可压势流中，任意横截面形状的单位长度柱体，所受的升力大小为 $\rho_\infty v_\infty \Gamma$，升力的方向与来流和涡矢量的方向垂直，即升力方向由来流方向和涡矢量方向按右手定则规定。其中 v_∞ 为来流速度，ρ_∞ 为来流密度，Γ 绕柱体的速度环量。

3. 常用公式

1）直线涡诱导速度公式

有限长直线涡：$v=\dfrac{\Gamma}{4\pi R}(\cos\alpha+\cos\beta)$

无限长直线涡：$v=\dfrac{\Gamma}{2\pi R}$

半无限长直线涡：$v=\dfrac{\Gamma}{4\pi R}(1+\cos\beta)$

2）速度势 ϕ 与速度分布 $\boldsymbol{v}=[v_x\quad v_y]$ 的关系

$$\nabla\phi=\boldsymbol{v}\ \text{即}\ \frac{\partial\phi}{\partial x}\boldsymbol{i}+\frac{\partial\phi}{\partial y}\boldsymbol{j}+\frac{\partial\phi}{\partial z}\boldsymbol{k}=v_x\boldsymbol{i}+v_y\boldsymbol{j}+v_z\boldsymbol{k}$$

3）平面流动中，流函数 ψ 与速度分布 $\boldsymbol{v}=[v_x\quad v_y]$ 的关系

$$v_x=\frac{\partial\psi}{\partial y},\quad v_y=-\frac{\partial\psi}{\partial x}$$

4）库塔-茹科夫斯基定理

单位长度柱体，所受的升力大小 $L=\rho_\infty v_\infty \Gamma$，单位是 N/m 。

4. 常见问题

在本章的学习中要特别注意以下问题：

（1）计算速度环量时，要注意线积分的方向是沿封闭曲线的逆时针方向；

（2）直线涡诱导速度公式中的 α、β 角的定义要明确，在求解复杂直线涡系的

诱导速度势，容易出现将 α、β 角取错的问题；

(3) 在通过将速度分量 v_x、v_y 进行积分获得速度势和流函数时，积分结果中要有常数项；

(4) 在求解简单流动叠加的问题时，选取恰当的坐标系会给计算带来方便；

(5) 库塔-茹科夫斯基定理的结论是在二维流动中得出的，所得计算结果一定是单位长度柱体所受的升力，单位是 N/m 。

8.2 典型题目解析

例 8.1 涡线形状如图 8.1 所示，AD 和 BC 为半无限长线涡，伸向下游无穷远，线涡上的箭头代表涡矢量方向。已知线涡强度 $\Gamma = 400\pi \text{m}^2/\text{s}$ ，线段 $AB = AE = 2\text{m}$，AD 和 BC 间的距离 $d = 1\text{m}$ ，求线涡对 E 点的诱导速度 v_E 。

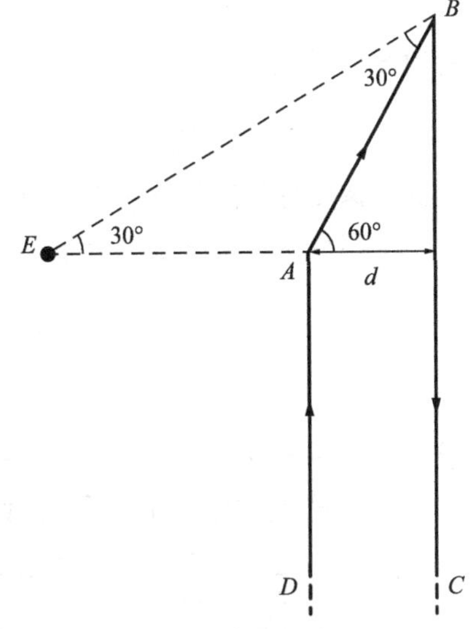

图 8.1 线涡示意图

分析 求解线涡对某点的诱导速度这类题目，主要是应用由毕奥-萨伐尔（Biot-Savart）公式推出的直线涡诱导速度公式，分为有限长直线涡、无限长直线涡和半无限长直线涡三种情况。解题时，首先将线涡分类，划归为上述三种类型，然后根据相应的公式进行求解，最后将各段线涡的诱导速度叠加即可求解。

解 根据直线涡的诱导速度计算公式，可以计算出：

半无限长线涡 AD 在 E 点产生的诱导速度方向垂直纸面向外，大小为

$$v_{E1} = \frac{\Gamma}{4\pi \cdot AE}(1 + \cos 90^\circ) = \frac{400\pi}{4\pi \cdot 2}(1 + 0) = 50(\text{m/s})$$

半无限长线涡 BC 在 E 点产生的诱导速度方向垂直纸面向里，大小为

$$v_{E2} = \frac{\Gamma}{4\pi \cdot (AE + \text{d})}(1 + \cos 60^\circ) = \frac{400\pi}{4\pi \cdot (2 + 1)}(1 + 0.5) = 50(\text{m/s})$$

有限长直线涡 AB 在 E 点产生的诱导速度方向垂直纸面向外，大小为

$$\begin{aligned} v_{E3} &= \frac{\Gamma}{4\pi \cdot AE \cdot \sin 120^\circ}(\cos 30^\circ + \cos 120^\circ) \\ &= \frac{400\pi}{4\pi \cdot 2 \cdot \sqrt{3}/2}(\sqrt{3}/2 - 0.5) = 21.13(\text{m/s}) \end{aligned}$$

综合起来，整个线涡在 E 点产生的诱导速度方向垂直纸面向外，大小为

$$v_E = v_{E1} - v_{E2} + v_{E3} = 21.13(\text{m/s})$$

【提示】 直线涡诱导速度公式算得的结果只是诱导速度的大小，速度方向还要根据线涡的方向根据右手定则来判断。

例 8.2 有一种二维不可压流的速度分量为 $v_x = 3x^2 - 3y^2$，$v_y = -6xy$ 。(1) 该流动是否真实存在？若存在，求出其流函数 ψ 。(2) 此流动是否有速度势？若有，求速度势 ϕ 。

分析 判断速度分量能否代表真实流动的方法就是要验证速度分量是否满足连续性方程；根据流函数和速度分量的关系，通过积分可以求得流函数；流动是否有速度势取决流场中的涡量是否为零，对于势流，根据速度势和速度分量的关系，通过积分可以求得速度势。

解 (1) 对于定常二维不可压流，连续性方程为

$$\frac{\partial v_x}{\partial x} + \frac{\partial v_y}{\partial y} = 0$$

将速度分量 $v_x = 3x^2 - 3y^2$，$v_y = -6xy$ 代入上式，得

$$\frac{\partial v_x}{\partial x} + \frac{\partial v_y}{\partial y} = \frac{\partial (3x^2 - 3y^2)}{\partial x} + \frac{\partial (-6xy)}{\partial y} = 6x - 6x = 0$$

因此，速度分量满足连续性方程，该流动是真实存在的。

根据流函数 ψ 和速度分量的关系，有

$$\begin{cases} \dfrac{\partial \psi}{\partial y} = v_x = 3x^2 - 3y^2 \\ \dfrac{\partial \psi}{\partial x} = -v_y = 6xy \end{cases}$$

对上式进行积分，可以求得流函数 $\psi = 3x^2 y - y^3 + C$ 。

(2) 根据速度分布，可以计算涡量 Ω_z 为

$$\Omega_z = \frac{\partial v_y}{\partial x} - \frac{\partial v_x}{\partial y} = \frac{\partial (-6xy)}{\partial x} - \frac{\partial (3x^2 - 3y^2)}{\partial y} = -6y + 6y = 0$$

因此，该流动是无旋的，即是有势的。

根据速度势 ϕ 与速度的关系，有

$$\begin{cases} \dfrac{\partial \phi}{\partial x} = v_x = 3x^2 - 3y^2 \\ \dfrac{\partial \phi}{\partial y} = v_y = -6xy \end{cases}$$

对上式进行积分，可以求出速度势 $\phi = x^3 - 3xy^2 + C$ 。

【提示】 流动有速度势的前提是流动是无旋的，即需要判断涡量是否为零；在通过对速度分量进行积分获得速度势和流函数时，表达式中要有常数项。

例 8.3 某平面不可压流的流函数 ψ 可以写成如下形式

$$\psi = 100y\left(1 - \frac{25}{r^2}\right) + \frac{628}{2\pi}\ln\left(\frac{r}{5}\right)$$

设流体的密度 $\rho = 1.225\ \mathrm{kg/m^3}$，试求：(1) 零流线的形状，驻点的位置，绕物体的速度环量，来流的速度；(2) 物体表面的压强系数分布，作用在单位长度该物体上升力。

分析 在熟悉平面不可压势流基本解的基础上，通过流函数或速度势的表达形式，可以判断出流动是由哪些基本解叠加而来的，也可以判断出相关流动参量的取值。对于不可压流动，压强系数的分布取决于流动速度的分布。

解 流函数 ψ 的表达式转换成极坐标形式

$$\psi = 100\left(1-\frac{25}{r^2}\right)r\cdot\sin\theta+\frac{628}{2\pi}\ln\left(\frac{r}{5}\right)$$

(1) 令 $\psi=0$，由上式可以得 $r=5$，即零流线是半径为 5 的圆。在极坐标系中，根据流函数与速度分量的关系，可得

$$v_r=\frac{1}{r}\frac{\partial\psi}{\partial\theta}=-100\left(1-\frac{25}{r^2}\right)\cos\theta$$

$$v_\theta=-\frac{\partial\psi}{\partial r}=-100\left(1+\frac{25}{r^2}\right)\sin\theta-\frac{628}{2\pi}\cdot\frac{1}{r}$$

令 $v_r=0$、$v_\theta=0$，可以求出两个驻点 A 和 C 的极坐标

$$A(r=a,\theta=185.74^\circ),\quad C(r=a,\theta=-5.74^\circ)$$

沿物体即圆柱体表面，$v_r=0$，沿圆柱表面逆时针方向对 v_θ 进行线积分，可以算得绕圆柱体的速度环量 Γ

$$\begin{aligned}\Gamma&=\int_0^{2\pi}v_\theta\cdot r\mathrm{d}\theta\\&=\int_0^{2\pi}-100\left(r+\frac{25}{r}\right)\sin\theta\cdot\mathrm{d}\theta-\int_0^{2\pi}\frac{628}{2\pi}\mathrm{d}\theta=-628(\mathrm{m^2/s})\end{aligned}$$

至此，从计算结果可以看出，该流动是直匀流、偶极子和点涡的叠加，如图 8.2 所示。从流函数表达式可以得出来流速度为 $v_\infty=100\mathrm{m/s}$

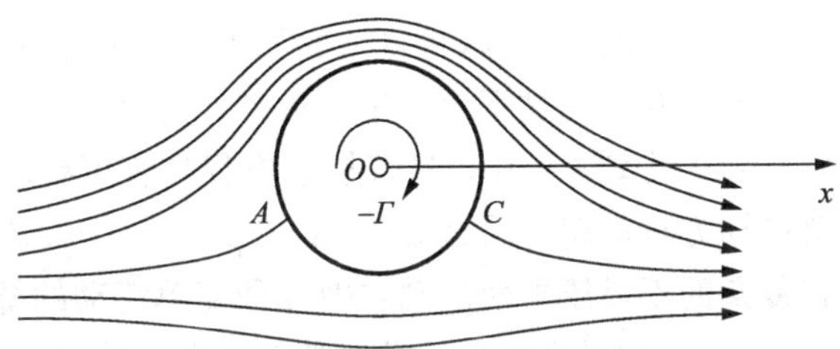

图 8.2 圆柱体的有环量绕流示意图

(2) 对于不可压流动，圆柱表面的压强系数可以表达成

$$\begin{aligned}C_p&=\frac{p-p_\infty}{\frac{1}{2}\rho_\infty v_\infty^2}=1-\frac{v^2}{v_\infty^2}=1-\frac{v_\theta^2}{v_\infty^2}\\&=1-\left[\left(1+\frac{25}{r^2}\right)\sin\theta+\frac{1}{r}\right]^2\\&=1-(2\sin\theta+0.2)^2\end{aligned}$$

根据库塔-茹科夫斯基定理，作用在单位长度圆柱体上的升力大小为

$$L=\rho v_\infty\Gamma=1.225\times100\times628=7.693\times10^4(\mathrm{N/m})$$

方向由右手定则判定，垂直于来流向上。

【提示】 在求解流动叠加问题时，首先要对简单流动的基本解非常熟悉，进而判断流动状况和相关参数。对于不可压流动，密度为常数，应用伯努利(Bernoulli) 方程可知，压强系数仅取决于当地速度分布。

8.3 思考题解答

8.1 斯托克斯定理建立了速度环量与涡量的联系，能否说沿某封闭曲线的速度环量为零，流体就无旋？

答 根据斯托克斯（Stokes）定理，可知速度环量 Γ 与涡量 $\boldsymbol{\Omega}$ 的关系为

$$\Gamma=\oint_C \boldsymbol{v}\cdot \mathrm{d}\boldsymbol{s}=\iint_A(\nabla\times\boldsymbol{v})\cdot \mathrm{d}\boldsymbol{A}=\iint_A \boldsymbol{\Omega}\cdot \mathrm{d}\boldsymbol{A}$$

如果沿某封闭曲线 C 的速度环量为零，只能说明通过以该封闭曲线 C 为边界的曲面 A 的涡通量为零，并不表示流场中的每个质点的涡量 $\boldsymbol{\Omega}$ 均为零，因此流体不一定是无旋的。

8.2 若已知二维流动的速度场，如何求流动的速度势和流函数？

答 根据速度势 ϕ 和流函数 ψ 与流体速度 $\boldsymbol{v}=[v_x \quad v_y]$ 的关系：

$$\begin{cases} v_x=\dfrac{\partial\phi}{\partial x} \\ v_y=\dfrac{\partial\psi}{\partial y} \end{cases} \qquad \begin{cases} v_x=\dfrac{\partial\psi}{\partial y} \\ v_y=-\dfrac{\partial\psi}{\partial x} \end{cases}$$

根据边界条件，对上面两组公式进行积分，即可根据二维流动的速度场求流动的速度势和流函数。

8.3 为什么可以将复杂的不可压平面流动看做几种简单流动的叠加？

答 对于无黏不可压平面流动，速度势 ϕ 和流函数 ψ 均满足拉普拉斯方程：$\nabla^2\phi=0$ 或 $\nabla^2\phi=0$ 。拉普拉斯方程具有可叠加性，即如果 ϕ_1 、ϕ_2 、… 、ϕ_n 是拉普拉斯方程的解，那么 $\phi_0=\phi_1+\phi_2+\cdots+\phi_n$ 亦是拉普拉斯方程的解，因此可以将复杂的不可压平面流动看做几种简单流动的叠加。

8.4 如果流体真的没有黏性，在流体中运动的旋转圆柱会有升力吗？

答 不会。因为如果流体真的没有黏性，旋转圆柱无法带动其周围流体旋转，这样圆柱周围流体没有产生涡量，根据库塔-茹科夫斯基定理可知，圆柱不会有升力。

8.4 习题解答

8-1 二维流动的速度分布为 $v_x=-y$ 、$v_y=x$。计算由 $A(1,1)$ 、$B(4,1)$ 、$C(4,3)$ 、$D(1,3)$ 四个点连成的矩形边界线上的速度环量。环量的方向取逆时针方向。

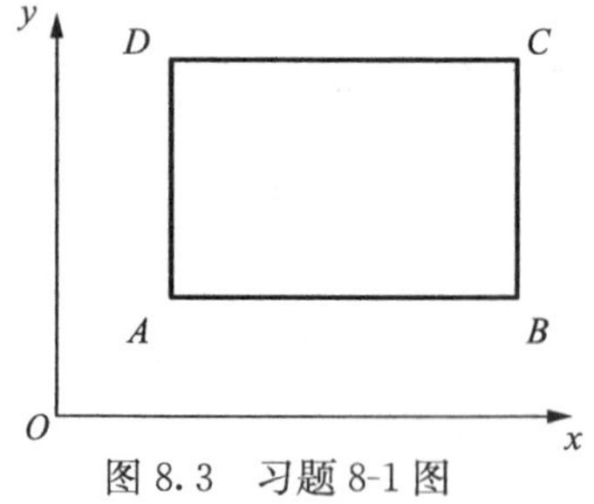

图 8.3 习题 8-1 图

解 如图 8.3 所示，根据速度环量定义，沿封闭边界 $ABCD$ 按逆时针方向，对速度 $\boldsymbol{v}=[v_x \quad v_y]$

进行线积分，即可算得速度环量 Γ 为

$$\Gamma=\oint_C \boldsymbol{v}\cdot d\boldsymbol{s}=\int_{AB}\boldsymbol{v}\cdot d\boldsymbol{s}+\int_{BC}\boldsymbol{v}\cdot d\boldsymbol{s}+\int_{CD}\boldsymbol{v}\cdot d\boldsymbol{s}+\int_{DA}\boldsymbol{v}\cdot d\boldsymbol{s}$$

$$=\int_{AB}-y\cdot dx+\int_{BC}x\cdot dy+\int_{CD}-y\cdot dx+\int_{DA}x\cdot dy$$

$$=-1\times(4-1)+4\times(3-1)+(-3)\times(1-4)+1\times(1-3)=12(\mathrm{m^2/s})$$

8-2 试判别下列流场是有旋流动还是无旋流动？

(1) $\boldsymbol{v}=(y+z)\boldsymbol{i}+(z+x)\boldsymbol{j}+(x+y)\boldsymbol{k}$

(2) $\boldsymbol{v}=(2y+3z)\boldsymbol{i}+(2z+3x)\boldsymbol{j}+(2x+3y)\boldsymbol{k}$

解 (1) 根据涡量定义，有

$$\boldsymbol{\Omega}=\nabla\times\boldsymbol{v}=\begin{vmatrix}\boldsymbol{i} & \boldsymbol{j} & \boldsymbol{k}\\ \dfrac{\partial}{\partial x} & \dfrac{\partial}{\partial y} & \dfrac{\partial}{\partial z}\\ y+z & z+x & x+y\end{vmatrix}=0\cdot\boldsymbol{i}+0\cdot\boldsymbol{j}+0\cdot\boldsymbol{k}=0$$

因此，该流场是无旋的。

(2) 根据涡量定义，有

$$\boldsymbol{\Omega}=\nabla\times\boldsymbol{v}==\begin{vmatrix}\boldsymbol{i} & \boldsymbol{j} & \boldsymbol{k}\\ \dfrac{\partial}{\partial x} & \dfrac{\partial}{\partial y} & \dfrac{\partial}{\partial z}\\ 2y+3z & 2z+3x & 2x+3y\end{vmatrix}=1\cdot\boldsymbol{i}+1\cdot\boldsymbol{j}+1\cdot\boldsymbol{k}\neq 0$$

因此，该流场是有旋的。

8-3 对于无旋流动，速度势 ϕ 是满足拉普拉斯方程的，即 $\dfrac{\partial^2\phi}{\partial x^2}+\dfrac{\partial^2\phi}{\partial y^2}+\dfrac{\partial^2\phi}{\partial z^2}=0$ 。证明：速度分量 v_x 、v_y 、v_y 均满足拉普拉斯方程。

证明 对于无旋流动，速度势 ϕ 满足拉普拉斯方程

$$\frac{\partial^2\phi}{\partial x^2}+\frac{\partial^2\phi}{\partial y^2}+\frac{\partial^2\phi}{\partial z^2}=0$$

将上式两边对 x 求偏导数，可得

$$\frac{\partial^3\phi}{\partial x^3}+\frac{\partial^3\phi}{\partial y^2\,\partial x}+\frac{\partial^3\phi}{\partial z^2\,\partial x}=0$$

进而可写成

$$\frac{\partial}{\partial x^2}\left(\frac{\partial\phi}{\partial x}\right)+\frac{\partial}{\partial y^2}\left(\frac{\partial\phi}{\partial x}\right)+\frac{\partial}{\partial z^2}\left(\frac{\partial\phi}{\partial x}\right)=0$$

由速度势的定义有 $v_x=\dfrac{\partial\phi}{\partial x}$，则上式可写成

$$\frac{\partial^2 v_x}{\partial x^2}+\frac{\partial^2 v_x}{\partial y^2}+\frac{\partial^2 v_x}{\partial z^2}=0$$

即速度分量 v_x 满足拉普拉斯方程。同理亦可证明速度分量 v_y 、v_z 也都满足拉普拉斯方程。

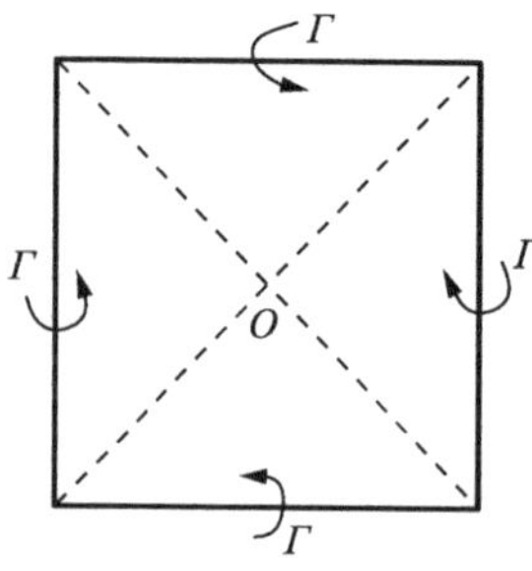

图 8.4　习题 8-4 图

8-4　如图 8.4 所示，边长为 a 的正方形涡线，强度为 Γ 。试求涡线对中心 O 点处产生的诱导速度。

解　根据有限长度直线涡产生诱导速度的公式，可以求得正方形涡线其中一边对 O 点处产生的诱导速度

$$v_1=\frac{\Gamma}{4\pi a/2}\left(\cos\frac{\pi}{4}+\cos\frac{\pi}{4}\right)=\frac{\Gamma}{2\pi a}\frac{2}{\sqrt{2}}=\frac{\Gamma}{\sqrt{2}\pi a}(\mathrm{m/s})$$

则正方形涡线对中心 O 点处产生的诱导速度为

$$v=4\cdot v_1=\frac{2\sqrt{2}\Gamma}{\pi a}(\mathrm{m/s})$$

中心 O 点处产生的诱导速度方向垂直纸面向里。

8-5　试证明不可压缩流体的二维流动：$v_x=2xy+x$ 、$v_y=x^2-y^2-y$ 能满足连续性方程，是有势流动，并求出速度势 ϕ 和流函数 ψ 。

证明　对于二维定常不可压缩流体，连续性方程为

$$\frac{\partial v_x}{\partial x}+\frac{\partial v_y}{\partial y}=0$$

将速度分量 v_x 、v_y 代入上式，有

$$\frac{\partial v_x}{\partial x}+\frac{\partial v_y}{\partial y}=\frac{\partial\,(2xy+x)}{\partial x}+\frac{\partial\,(x^2-y^2-y)}{\partial y}=2y+1-2y-1=0$$

因此，该流动的速度分布满足连续性方程。

根据速度分布，可以计算涡量 Ω_z 为

$$\Omega_z=\frac{\partial v_y}{\partial x}-\frac{\partial v_x}{\partial y}=\frac{\partial\,(x^2-y^2-y)}{\partial x}-\frac{\partial\,(2xy+x)}{\partial y}=2x-2x=0$$

因此，该流动是无旋的，即是有势的。

根据速度势 ϕ 与速度的关系，有

$$\begin{cases}\dfrac{\partial\phi}{\partial x}=v_x=2xy+x\\[2ex]\dfrac{\partial\phi}{\partial y}=v_y=x^2-y^2-y\end{cases}$$

对上式进行积分，可以求出速度势 $\phi=x^2y+\dfrac{x^2}{2}-\dfrac{y^2}{2}-\dfrac{y^3}{3}+C$ ；

根据流函数 ψ 与速度的关系，有

$$\begin{cases}\dfrac{\partial\psi}{\partial y}=v_x=2xy+x\\[2ex]-\dfrac{\partial\psi}{\partial x}=v_y=x^2-y^2-y\end{cases}$$

对上式进行积分，可以求出流函数 $\psi = xy^2 + xy - \frac{x^3}{3} + C$。

8-6　设定常二维不可压流动的流函数为 $\psi = 3x^2y - y^3$，该流动是否是势流？如果是，求其势函数 ϕ。

解　根据流函数 $\psi = 3x^2y - y^3$，可以求得二维不可压流动的速度分布为

$$\begin{cases} v_x = \dfrac{\partial \psi}{\partial y} = 3x^2 - 3y^2 \\ v_y = -\dfrac{\partial \psi}{\partial x} = -6xy \end{cases}$$

根据速度分布，可以计算涡量 Ω_z 为

$$\Omega_z = \frac{\partial v_y}{\partial x} - \frac{\partial v_x}{\partial y} = \frac{\partial(-6xy)}{\partial x} - \frac{\partial(3x^2 - 3y^2)}{\partial y} = -6y + 6y = 0$$

因此，该流动是无旋的，即是有势的。

根据速度势 ϕ 与速度的关系，有

$$\begin{cases} \dfrac{\partial \phi}{\partial x} = v_x = 3x^2 - 3y^2 \\ \dfrac{\partial \phi}{\partial y} = v_y = -6xy \end{cases}$$

对上式进行积分，可以求出速度势 $\phi = x^3 - 3xy^2 + C$。

8-7　设在原点处有一点汇，强度为 $-Q$，在 x 轴上 $x = f$、$x = a^2/f$ 处分别布有强度为 Q 的点源。证明在圆 $r = a$ 上，$\psi =$ 常数。因而这个圆是一条流线，从而可用固体边界代替。

解　(1) 当 $f > 0$ 时，如图 8.5 (a) 所示，如果 $f < a$，线段 $|OO_1| = f$、$|OO_2| = a^2/f$；如果 $f > a$，线段 $|OO_1| = a^2/f$、$|OO_2| = f$。

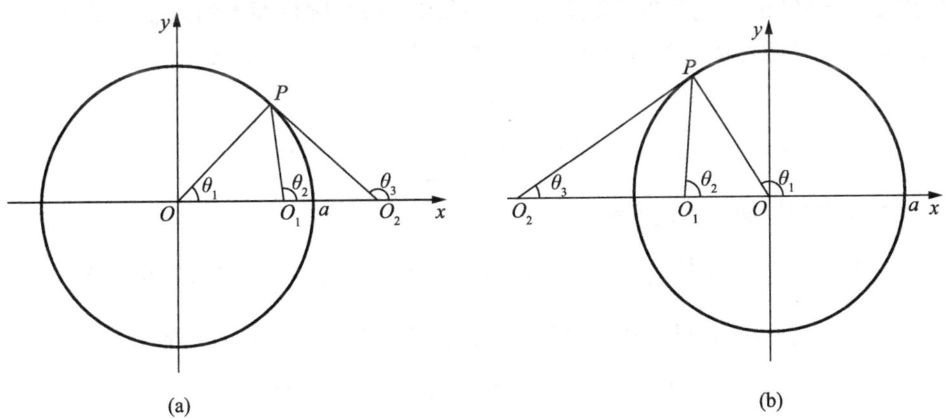

图 8.5　习题 8-7 图

因此，有 $|OO_1| \cdot |OO_2| = f \cdot a^2/f = a^2 = |OP|$，即 $\frac{|OO_1|}{|OP|} = \frac{|OP|}{|OO_2|}$；

又 θ_1 为公共角，可以得出：$\triangle OO_1P$ 与 $\triangle OPO_2$ 是相似三角形。于是可得

$$\theta_3=\theta_1+\angle OPO_2=\theta_1+\angle OO_1P=\theta_1+\pi-\theta_2$$

即

$$-\theta_1+\theta_2+\theta_3=\pi$$

在圆 $r=a$ 上任意一点 P 处的流函数可以写成

$$\psi=\frac{Q}{2\pi}(-\theta_1+\theta_2+\theta_3)=\frac{Q}{2\pi}\pi=\frac{Q}{2}$$

因此，在圆 $r=a$ 上流函数 ψ 为常数，这个圆是一条流线，从而可用固体边界代替。

(2) 当 $f<0$ 时，如图 8.5 (b) 所示，如果 $|f|<a$，线段 $|OO_1|=f$、$|OO_2|=a^2/f$；如果 $|f|>a$，线段 $|OO_1|=a^2/f$、$|OO_2|=f$。因此，有

$$|OO_1|\cdot|OO_2|=f\cdot a^2/f=a^2=|OP|\text{，即}\frac{|OO_1|}{|OP|}=\frac{|OP|}{|OO_2|}\text{；}$$

又 θ_3 为公共角，可以得出：$\triangle OPO_1$ 与 $\triangle OO_2P$ 是相似三角形。于是可得

$$\theta_1=\theta_2+\angle O_1PO=\theta_2+\theta_3$$

即

$$-\theta_1+\theta_2+\theta_3=0$$

在圆 $r=a$ 上任意一点 P 处的流函数可以写成

$$\psi=\frac{Q}{2\pi}(-\theta_1+\theta_2+\theta_3)=0$$

因此，在圆 $r=a$ 上流函数 ψ 为常数，这个圆是一条流线，从而可用固体边界代替。

8-8　直径 $d=1.3\text{m}$ 的二维圆柱体以 $n=120\text{r/min}$ 的转速逆时针旋转，空气以 $v_\infty=90\text{km/h}$ 的速度绕流圆柱体。试求：(1) 圆柱面上的速度环量值 Γ；(2) 单位长度圆柱体上的升力 L。设空气密度 $\rho=1.225\ \text{kg/m}^3$。

解　(1) 旋转圆柱表面的线速度为

$$v_\theta=\omega\cdot r=\frac{120\times2\pi}{60}\cdot\frac{1.3}{2}=8.1681(\text{m/s})$$

进而可以出圆柱面上的速度环量值为

$$\Gamma=\oint_C\boldsymbol{v}\cdot\mathrm{d}\boldsymbol{s}=\int_0^{2\pi}v_\theta\cdot r\mathrm{d}\theta=8.1681\times0.65\times2\pi=33.3593(\text{m}^2/\text{s})$$

(2) 根据库塔-茹科夫斯基定理，可以计算单位长度圆柱体上的升力为

$$L=\rho v_\infty\Gamma=1.225\times\frac{90}{3.6}\times33.3593=1021.6274(\text{N/m})$$

第 9 章 低速机翼理论基础

9.1 内 容 提 要

本章首先介绍了机翼的几何参数，分析了翼型的空气动力的产生原理，并研究低速翼型的升力系数、阻力系数和力矩系数随迎角的变化规律。再从低速流动图画入手，研究有限翼展机翼的气动特性。其中重要的基本概念、基本理论和计算公式如下。

1. 基本概念

1）迎角

迎角是指翼弦与相对气流方向之间的夹角，用 α 表示。

2）压力中心

压力中心是指升力作用线与翼弦的交点。

3）焦点

焦点是指翼型随迎角变化而引起的升力增量作用点。

2. 基本理论和基本公式

1）升力系数和阻力系数定义式

$$C_L = \frac{L}{\frac{1}{2}\rho v_\infty^2 S}, \quad C_D = \frac{D}{\frac{1}{2}\rho v_\infty^2 S}$$

式中，S 为机翼面积；L 为机翼的升力；D 为机翼阻力。

2）升力线理论

有限翼展机翼在直匀流中的简化气动模型应是：直匀流＋附着直线涡段＋自由涡系，基于这个升力线模型建立起来的机翼理论就是升力线理论。

3）后掠翼的“翼尖效应”和“翼根效应”

后掠机翼的“翼根效应”与“翼尖效应”引起弦向的压强分布发生变化，这种变化在机翼上表面前段较为明显，而且上表面前段对升力贡献较大，所以“翼根效应”使翼根部分的升力系数减少，而“翼尖效应”使翼尖部分的升力系数增大。

3. 常见问题

本章所用公式符号采用的全是国家标准，在使用过程中要注意符号之间的区别，翼型的升力系数和阻力系数的下标用小写符号，而机翼升力系数和阻力系数的下标用大写符号。另外还要注意新旧标准公式符号之间的区别。

9.2 典型题目解析

例 9.1 有一无扭转椭圆机翼，其展弦比 $A=6$，当低速 $\alpha=10°$ 时，机翼升力系数 $C_L=0.85$。试求机翼的有效迎角 α_e 和诱导阻力系数 C_{Di}。

分析 椭圆形机翼是理论上的一种标准机翼，其下洗角、有效迎角和诱导阻力系数可直接利用公式求出，不需要修正。但要注意到，对于机翼升力系数和诱导阻力系数其下标符号均用大写来表示。

解 对于椭圆型机翼，

下洗角：$\varepsilon=\dfrac{C_L}{\pi A}=\dfrac{0.85}{6\pi}=0.045(\text{rad})=2.58(°)$

有效迎角：$\alpha_e=\alpha-\varepsilon=10°-2.58°=7.42°$

诱导阻力系数：$C_{Di}=\dfrac{C_L^2}{\pi A}=\dfrac{0.85^2}{6\pi}=0.038$

9.3 思考题解答

9.1 翼型的几何特性主要由哪些参数表示？

答 翼型的几何参数包括弦长、相对厚度、最大厚度位置、相对弯度、最大弯度位置、前缘半径和后缘角。

9.2 翼型的 C_l 随 α 变化各有什么特点？

答 在中小迎角范围内，翼型 $C_l\sim\alpha$ 变化曲线接近直线，即 $C_l=C_{l\alpha}(\alpha-\alpha_0)$；在较大迎角范围内，$C_l$ 随 α 增大而上升缓慢，当 $\alpha=\alpha_{cr}$ 时，$C_l=C_{l\max}$；$\alpha>\alpha_{cr}$ 时，C_l 随 α 增大而下降。

9.3 什么叫压力中心？什么叫焦点？压力中心与焦点有什么不同？

答 压力中心是指翼型升力的作用点（升力作用线与翼弦的交点）。

焦点是这样一个点，在中小迎角范围内，无论翼型的 C_l（或 α）如何变化，对该点的力矩系数恒等于零升力矩系数 C_{m0}。

区别是压力中心就是指翼型升力的着力点，而焦点是指翼型由于迎角改变产生附加升力的着力点。

9.4 与无限翼展机翼相比，大展弦比直机翼低速流动图画有什么特点？什么是升力线理论气动模型？

答 大展弦比直机翼在正迎角时，在后缘处要拖出轴线几乎与来流方向平行的旋涡组成的自由涡面。因为气流的偏斜从机翼对称面到翼尖是逐渐增大的，所以自由涡面在两翼尖处的旋涡强度也较大，称为“翼尖涡”。由于旋涡的相互诱导作用，在离开后缘较远的地方自由涡面将卷成两条方向相反的涡索，从而构成了与无限翼展机翼流态的主要差别。

升力线理论简化的气动模型是：直匀流＋附着直线涡段＋自由涡系。

9.5 什么叫下洗速度？有限翼展机翼的诱导阻力是怎样产生的？

答 正迎角时，自由涡系对机翼引起诱导速度，且方向向下，称为下洗速度。

理想流情况下，由于自由涡引起的下洗速度，使总空气动力 R 在来流 v_∞ 方向上产生分量，这个分量即为诱导阻力。

9.6 飞机在翼尖加挡板或副油箱有什么作用？

答 在翼尖加挡板或副油箱表面可以阻止上下翼面气流的横向流动，减弱“翼尖涡”的强度，从而减小诱导阻力。

9.7 什么叫后掠翼的翼尖效应和翼根效应？翼尖效应和翼根效应对后掠翼的空气动力特性有什么影响？

答 气流流过后掠翼，在翼根上表面的前段，流线偏离对称面，流管扩张变粗，流速减慢，压强升高（吸力变小）；而在后段，流线向内偏斜，流管收缩变细，流速加快，压强降低（吸力增大），称为“翼尖效应”。至于翼尖部分，情况正好相反，在翼剖面前段吸力变大，后段吸力变小。

后掠机翼的“翼根效应”与“翼尖效应”引起翼弦的压强分布发生变化，这种变化在机翼上表面前段较为明显，而且上表面前段对升力贡献较大，所以“翼根效应”使翼根部分的升力系数减少，而“翼尖效应”使翼尖部分的升力系数增大。

9.8 什么叫三角翼“法洗效应”和“切洗效应”？它们对机翼空气动力特性有什么影响？

答 气流流过具有正迎角的三角翼，前缘脱体涡在其内侧诱起气流下洗，在外侧诱起气流上洗。下洗区的局部迎角减小，升力减小；上洗区的局部迎角增大，升力增大，这种现象称为“法洗效应”。由于上洗区的翼面面积较小，所以下洗区所造成的升力损失往往大于上洗区的升力增量，即法洗效应使三角翼升力减小。

脱体涡在翼面上所诱起的切向速度方向是由翼根指向翼尖，其大小与距涡心的距离有关，离涡心越近，切洗速度越大。切洗速度使流经机翼表面的主流速度 u_∞ 偏斜并增大。致使翼面升力增大，这种现象称为切洗效应。

9.4 习题解答

9-1 如图 9.1 所示，若机翼某点处的流管截面积 A_2 是来流流管截面积 A_1 的一半，空气密度 $\rho = 1.2\text{kg/m}^3$。求当 $v_1 = 10\text{m/s}$、20m/s、30m/s 时，压差 $\Delta p = p_2 - p_1$ 及截面 2 处的压强系数 C_{p2} 的大小，并从中找出规律。

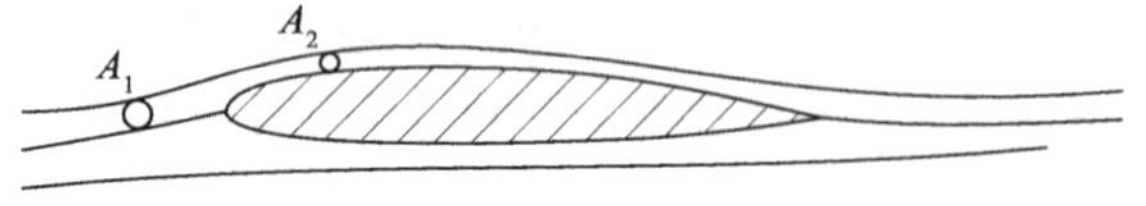

图 9.1 习题 9-1 图

解 由不可压流连续方程 $A_1 v_1 = A_2 v_2$

得
$$v_2 = \frac{A_1}{A_2} v_1 = 2v_1$$

由不可压流伯努利方程 $p_1 + \frac{1}{2}\rho v_1^2 = p_2 + \frac{1}{2}\rho v_2^2$

得
$$\Delta p = p_2 - p_1 = \frac{1}{2}\rho(v_1^2 - v_2^2) = -\frac{3}{2}\rho v_1^2$$

$v_1 = 10\text{m/s}$ 时，$\Delta p = -\frac{3}{2} \times 1.2 \times 10^2 = -180(\text{Pa})$

$v_1 = 20\text{m/s}$ 时，$\Delta p = -\frac{3}{2} \times 1.2 \times 4 \times 10^2 = -720(\text{Pa})$

$v_1 = 30\text{m/s}$ 时，$\Delta p = -\frac{3}{2} \times 1.2 \times 9 \times 10^2 = -1620(\text{Pa})$

$$C_p = \frac{p_2 - p_1}{\frac{1}{2}\rho v_1^2} = -3$$

从中可看出规律：压差 Δp 与来流速度的平方成正比，但压强系数 C_p 不变。

9-2 如图 9.2 所示。在翼型后测量尾迹区宽度 $\Delta = 0.2c$，速度分布函数 $v_x = v_\infty[1 - 0.83\cos^2(\pi y/\Delta)]$。试求翼型的阻力系数 C_d。（提示：应用动量方程求解）

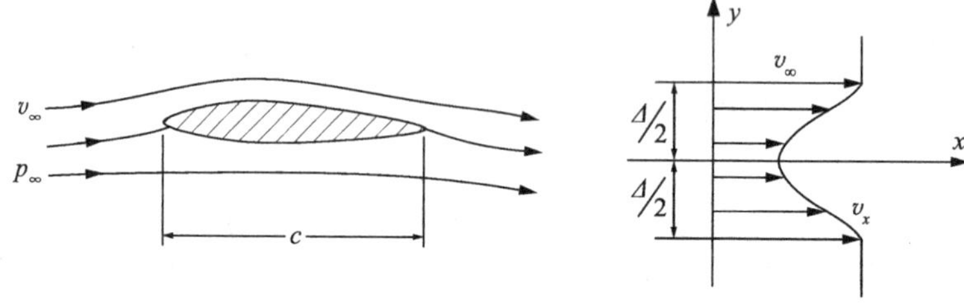

图 9.2 习题 9-2 图

解 取一微段为控制体，其所受阻力为 dD，则由动量方程：$-dD=\rho v_x dy(v_x-v_\infty)$，可得

$$D=\int_{-\frac{\Delta}{2}}^{\frac{\Delta}{2}}\rho v_x(v_x-v_\infty)dy=\int_{-\frac{\Delta}{2}}^{\frac{\Delta}{2}}\left[1-0.83\cos^2\left(\frac{\pi y}{\Delta}\right)\right]\cos^2\left(\frac{\pi y}{\Delta}\right)dy$$

$$=0.1567\cdot\rho v_\infty^2\cdot\Delta=0.0313\rho v_\infty^2 c$$

进而求得：$C_d=\dfrac{D}{\frac{1}{2}\rho v_\infty^2\cdot c}=0.0626$

9-3 一架低速飞机的平直翼采用 NACA2415 翼型，问此翼型的 $\bar{f}$、$\bar{x}_f$ 及 $\bar{t}$ 各为多少？

解 $\bar{f}=2\%=0.02$，$\bar{x}_f=40\%=0.4$，$\bar{t}=15\%=0.15$

9-4 有一平直梯形翼，机翼面积 $S=35\text{m}^2$，根梢比 $\lambda=4$，翼梢弦长 $c_t=1.5\text{m}$，求机翼的展弦比 A。

解 翼根弦长：$c_r=c_t\cdot\lambda=1.5\times4=6(\text{m})$

展弦比 A 平均几何弦长：$c_G=\dfrac{1}{2}(c_r+c_t)=\dfrac{1}{2}\times(6+1.5)=3.75(\text{m})$

展弦比：$A=\dfrac{S}{{c_G}^2}=\dfrac{35}{3.75^2}=2.49$

9-5 如图 9.3 所示，机翼平面图形由抛物线 $y^2=\dfrac{b^2}{4}\left(1-\dfrac{x}{c_0}\right)$ 和 x 轴围成。(1) 求 S、A、c_G、c_A；(2) 设 $A=6$，$b=8\text{m}$，求根弦长。

解 因机翼平面图形由抛物线 $y^2=\dfrac{b^2}{4}\left(1-\dfrac{x}{c_0}\right)$ 和 x 轴围成，则

$$c(y)=x=c_0\left(1-\frac{4y^2}{b^2}\right)$$

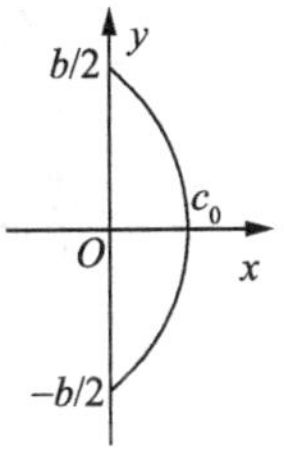

图 9.3 习题 9-5 图

(1) $S=\displaystyle\int_{-b/2}^{b/2}c(y)dy=\int_{-b/2}^{b/2}c_0\left(1-\frac{4y^2}{b^2}\right)dy=\frac{2}{3}bc_0$

$c_A=\dfrac{2}{S}\displaystyle\int_0^{b/2}c^2(y)dy=\frac{2}{S}\int_0^{b/2}c_0^2\left(1-\frac{4y^2}{b^2}\right)^2dy=\frac{4}{5}c_0$ $c_G=\dfrac{S}{b}=\dfrac{2}{3}c_0$，$A=\dfrac{b}{c_G}=\dfrac{3b}{2c_0}$

(2) 由 $A=\dfrac{b}{c_G}=\dfrac{3b}{2c_0}$ 得根弦 $c_0=\dfrac{3b}{2A}=\dfrac{3\times8}{2\times6}=2(\text{m})$

9-6 已知：NACA23012 翼型低速不可压时 $C_{l\alpha}=0.107$ (1/度)，$\alpha_0=-1.4°$，$\alpha_{cr}=18°$。试定性画出该翼型的 $C_l\sim\alpha$ 曲线，并求 $\alpha=7°$ 时的 C_l 值。

解 画出翼型的 $C_l\sim\alpha$ 曲线，如图 9.4 所示。

根据 $C_l=C_{l\alpha}(\alpha-\alpha_0)$，可得

$$C_l\big|_{\alpha=7^\circ} = 0.107\times(7+1.4) = 0.8988$$

由 $C_l \sim \alpha$ 曲线可查得 $\alpha = 16^\circ$ 时，$C_l \approx 1.72$ 。

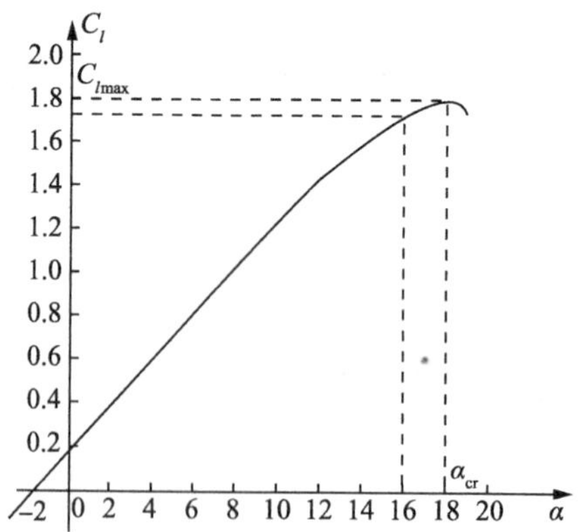

图 9.4　习题 9-6 图

9-7　有一重量 $G=7.38\times10^4$N 的单翼飞机，机翼为椭圆形平面形状，翼展 $b=15.32$m ，现以 90m/s 的速度在海平面平飞，试计算其诱导阻力 D_i 及根部剖面的环量 Γ_0 。

解　平飞升力系数 $C_L = \dfrac{2G}{\rho v_\infty^2 S}$

对椭圆形机翼 $C_L = \dfrac{\pi b\Gamma_0}{2v_\infty S}$，可得

$$\Gamma_0 = \frac{4G}{\pi\rho v_\infty b} = \frac{4\times 73800}{3.14\times1.225\times90\times15.23} = 56(\mathrm{m^2/s})$$

$$D_i = \frac{\pi}{8}\rho\Gamma_0^2 = 1508(\mathrm{N})$$

第 10 章　高速机翼气动特性

10.1　内 容 提 要

由于高速气流压缩性的影响，使得翼型和机翼的高速气动特性不同于低速。本章在高速气流特性的基础上，按照亚声速、跨声速和超声速 3 个不同阶段，主要对翼型和三维翼的高速气动特性进行分析和估算。其中重要的基本概念、基本理论和基本公式如下。

1. 基本概念

1）临界马赫数

当来流速度增大到某一速度时，机翼表面最低压力点处的气流速度等于该点的声速 c，该点称为等声速点。此时的来流速度称为临界速度，用 v_{cr} 表示。此时的来流 Ma 数称为临界马赫数，用 Ma_{cr} 表示。

2）局部激波

当 $Ma_\infty = Ma_{cr}$ 时，翼型上表面首先出现等声速点。$Ma_\infty > Ma_{cr}$ 后，出现超声速区，在超声速区，流速很大，压力下降得很多，但翼型后缘处的压力却逐渐增大。当超声速气流由低压区冲入高压区时，就会产生激波，并稳定在气流速度等于激波传播速度的位置上，称为局部激波。

3）激波阻力

由于出现激波而增加的那部分阻力称为激波阻力，此阻力系数称为波阻系数。

4）亚音速前（后）缘与超音速前（后）缘

如果来流相对于机翼前（后）缘的法向分速 $v_n < a_\infty$（即 $Ma_{\infty n} < 1$），则称该前（后）缘为亚声速前（后）缘，如 $v_n > a_\infty$（$Ma_\infty > 1$）则称为超声速前（后）缘。若 $v_n = a_\infty$（$Ma_\infty = 1$）则是声速前（后）缘。

5）二维区和三维区

在具有超声速前缘的机翼上可找到这些区域，区内任意点的依赖区与二维直机翼或无限斜置翼一样仅受单一前缘的影响，称为二维区。如区内任意点的依赖区与二维机翼不同则是三维区。

2. 基本理论和基本公式

1）卡门-钱学森公式

$$C_{p亚} = \frac{C_{p不}}{\sqrt{1-Ma_\infty^2} + \dfrac{1-\sqrt{1-Ma_\infty^2}}{2}C_{p不}}$$

2）压缩性对翼型表面压强分布影响特点

由于压缩性的影响，在亚声速气流中，翼型表面有“吸处更吸，压处更压”的特点，其压强系数分布如图 10.1 中虚线所示。且来流 Ma 数越大，压缩性影响越明显。

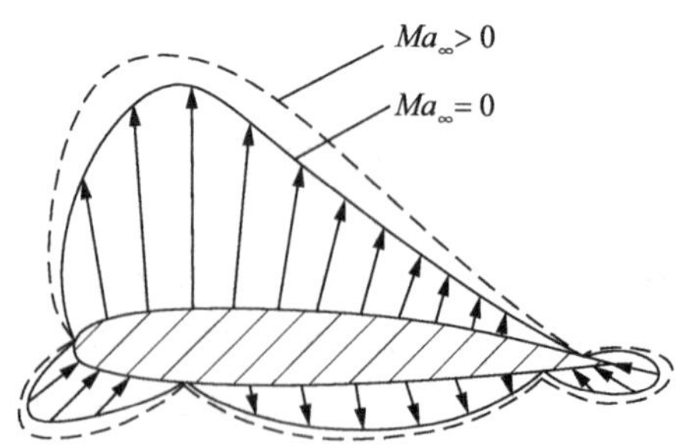

图 10.1　可压流与不可压流中翼面压强分布比较

3）对称薄翼型的超声速升阻特性

升力系数：$C_l = \dfrac{4\alpha}{\sqrt{Ma_\infty^2 - 1}}$

波阻系数：$C_{dw} = C_{d0w} + C_{diw} = \dfrac{4K\,\bar{t}^2}{\sqrt{Ma_\infty^2 - 1}} + \dfrac{\sqrt{Ma_\infty^2 - 1}}{4} C_l^2$

升力线斜率：$C_{l\alpha} = \dfrac{4}{\sqrt{Ma_\infty^2 - 1}}$

3. 常用公式

1）亚声速翼型表面压强系数、升力线斜率和零升力矩系数修正式

$$C_{p亚} = \frac{C_{p不}}{\sqrt{1 - Ma_\infty^2}}，\quad C_{l\alpha亚} = \frac{1}{\sqrt{1 - Ma_\infty^2}} C_{l\alpha不}，\quad C_{m0亚} = \frac{1}{\sqrt{1 - Ma_\infty^2}} C_{m0不}$$

2）超声速平板翼型的升阻特性关系式

$$C_l = \frac{4\alpha}{\sqrt{Ma_\infty^2 - 1}},\ C_{dw} = \frac{4\alpha^2}{\sqrt{Ma_\infty^2 - 1}},\ C_{l\alpha} = \frac{4}{\sqrt{Ma_\infty^2 - 1}}$$

4. 常见问题

对称薄翼型的超声速气动特性与平板翼型相比，差别仅在波阻系数上，即在翼型很薄时，升力系数只取决于迎角和来流 Ma_∞ 数，与翼型的厚度无关，而厚度对波阻的影响却不能忽略。

10.2 典型题目解析

例 10.1 如图 10.2 所示，一六角形超声速翼型。已知 $a=0.5$，$c=1$，$t=0.1$。试求当 $\alpha=4°$，$Ma_\infty=2$ 时，翼型的升力系数 C_l 和波阻系数 C_{dw}。

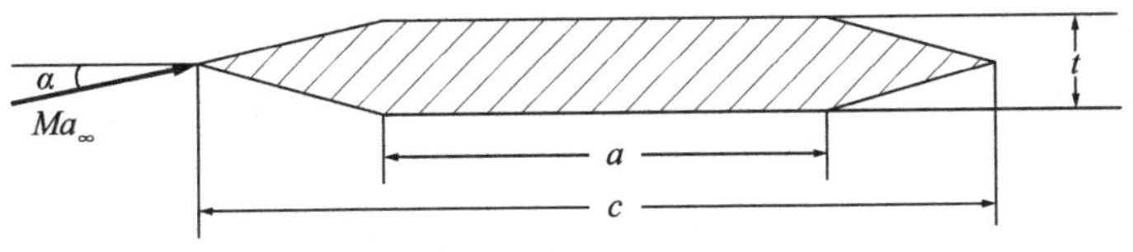

图 10.2 六角形超声速翼型

分析 对称薄翼型的超声速升力系数计算公式与平板翼型相同，而厚度对波阻的影响却不能忽略，计算中需要考虑。

解 $\bar{t}=\dfrac{t}{c}=0.1$，由教材表 10.1 可查 $K=\dfrac{1}{1-a}=\dfrac{1}{1-0.5}=2$

升力系数：$C_l=\dfrac{4}{\sqrt{Ma_\infty^2-1}}\alpha=\dfrac{4}{\sqrt{3}}\times\dfrac{4}{180/\pi}=0.161$

波阻系数：$C_{dw}=C_{d0w}+C_{diw}=\dfrac{4K\,\bar{t}^2}{\sqrt{Ma_\infty^2-1}}+\dfrac{\sqrt{Ma_\infty^2-1}}{4}C_l^2$

$$=\frac{4\times2\times0.1^2}{\sqrt{2^2-1}}+\frac{\sqrt{2^2-1}}{4}\times0.161^2=0.0462+0.0112$$

$$=0.0574$$

10.3 思考题解答

10.1 压缩性对翼型气动特性 C_p、C_l 和 C_d 有何影响？为什么？

答 由于压缩性影响，在亚声速气流中，翼型表面压强系数与不可压流相比有“吸处更吸，压处更压”的特点。

亚声速时压缩性影响使翼型上下表面压差变大，因而在临界迎角以前，同一迎角下升力系数增加。

压缩性对翼型阻力特性的影响，一方面表现在使摩擦阻力系数减小，另一方面又会使压差阻力略有增大。综合考虑这两方面影响，翼型的型阻系数 C_d 基本不随 Ma_∞ 变化而变化。

10.2 局部激波是怎样产生和发展的？

答 当 $Ma_\infty=Ma_{cr}$ 时，翼型上表面首先出现等声速点。$Ma_\infty>Ma_{cr}$ 后，等声速点的后面，由于翼型表面的连续外凸，流管扩张，空气膨胀加速，出现超声速区。在超声速区，流速很大，压力下降得很多，但翼型后缘处的压力却逐渐增大。当超声速气流由低压区冲入高压区时，就会产生激波，并稳定在气流速度等于激波传播速度的位置上。由于该激波是局部超声速气流引起的，因此称为局部激波。

随着 Ma_∞ 进一步增大时，翼型上表面的局部激波逐渐后移，超音速区不断扩大，另外，机翼下表面也出现局部超音速区和局部激波，且局部激波位置比较靠后。当 Ma_∞ 接近 1 时，上表面的局部激波仍继续后移，直至后缘。Ma_∞ 大于 1 以后，机翼前缘出现头部激波。当 Ma_∞ 继续增大，头部激波附体，机翼上下表面全是超声速气流。

10.3　画出一般翼型 $C_l \sim Ma$ 变化曲线并加以说明。

答　如图 10.3 所示。从 A 点到 B 点，C_l 随 Ma_∞ 增大而迅速增加。这是因为 $Ma_\infty > Ma_{cr}$ 后，翼型上表面出现局部超声速区，并不断扩大，使上表面吸力不断增大，故 C_l 迅速增加。

从 B 点到 C 点，C_l 又随 Ma_∞ 增大而迅速减小。这是由于下翼面也出现了超声速区而导致压强降低，吸力增大，以及上翼面边界层分离形成激波失速，致使上翼面后缘处压强较高，吸力变小。以上两种情况导致上下翼面压差急剧减小，C_l 迅速下降。

从 C 点至 D 点，C_l 随 Ma_∞ 增大有所回升。这是因为下翼面激波移至后缘，不再移动，而上翼面激波仍继续后移，超声速区有所扩大，吸力增大，使 C_l 有所回升。

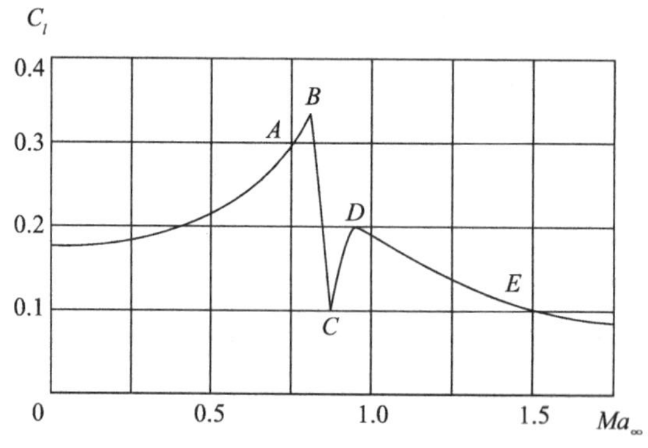

图 10.3　$C_l \sim Ma$ 曲线图

从 D 点到 E 点，C_l 随 Ma_∞ 增大又逐渐下降。原因是：当 $Ma_\infty > 1$ 时，翼型前方出现头部激波，在头部激波没附体前，上、下翼面压强分布基本不随 Ma_∞ 而变，但 Ma_∞ 增大会使气流动压增大，上、下翼面吸力均减小，且上翼面吸力减小的比重大，所以升力系数 C_l 随 Ma_∞ 增大又逐渐下降。

E 点以后，激波附体，C_l 按超声速流动规律变化，故 C_l 随 Ma_∞ 增大继续下降。

10.4 画出 $C_d \sim Ma$ 变化曲线并加以说明。

答 如图 10.4 所示，在 Ma_{cr} 之前，阻力系数基本不随飞行 Ma 变化；接近 Ma_{cr} 时，阻力系数才稍有增加。飞行 Ma 超过 Ma_{cr} 不多时，翼型上表面的局部超音速区范围很小，附加吸力还不很大，向后倾斜得也不厉害，所以翼型前后压力差额外增加得不多，阻力系数开始增加得比较缓慢。随着飞行 Ma 进一步增大，翼型上表面的局部激波逐渐后移，超音速区不断扩大，附加吸力越到后面越大，并且越向后倾斜；另外，下表面也产生局部超音速区和局部激波，附加吸力也向后倾斜。翼型前后压力差显著增加，导致阻力系数急剧增加，如图 10.4 中 BC 段所示。飞行 Ma 增加到 1 附近时，阻力系数达到最大。当翼型出现前缘激波后，阻力系数随 Ma 增加而减小。

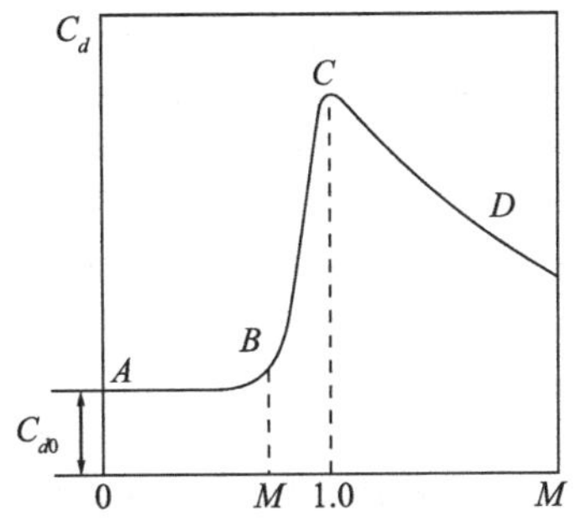

图 10.4 $C_d \sim Ma$ 曲线图

10.5 翼型的压力中心随 Ma 数变化是怎样移动的？为什么？

答 如图 10.5 所示，在亚声速流中，压力中心几乎不随 Ma_∞ 而变化。进入跨声速阶段后，由于上翼面出现局部超声速区并向后发展，翼型后半部产生附加升力，使升力由 L 变为 L'，压力中心向后移动。以后又由于下翼面也出现超声速区并以更快的速度扩展到整个下翼面，相当于翼型后半部增加一负升力 ΔL，使压力中心又前移。最后又因为上翼面激波也移动到后缘处，超声速区扩展到整个上翼面，压力中心又后移。

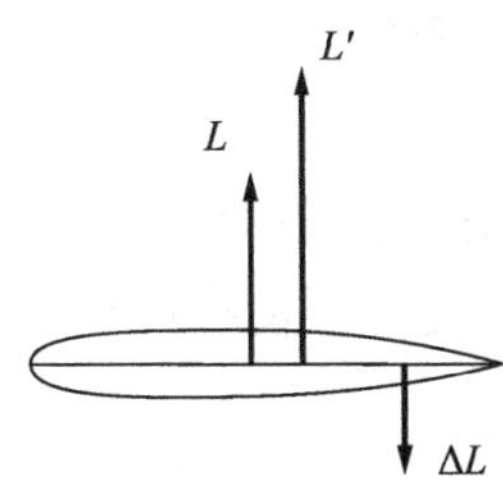

图 10.5 压心变化示意图

10.6 什么叫前马赫锥和后马赫锥？什么叫影响区和依赖区？

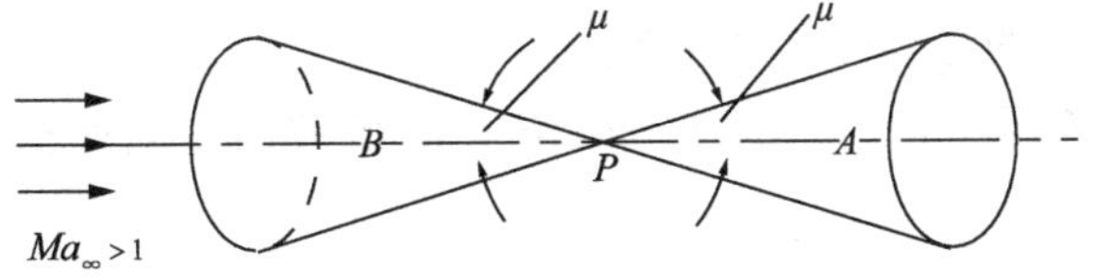

图 10.6 马赫锥示意图

答 见图 10.6，设在超声速气流中，P 点为一扰动源，为确定 P 点的影响区可过 P 点作一后马赫锥，其半顶角为 μ，$\mu = \arcsin\dfrac{1}{Ma_\infty}$ 是来流马赫角。在后马赫锥内的区域 A，都将受到 P 点扰动的影响，因此，后马赫锥所围的区域 A 称为 P 点的影响区。反之，为确定影响 P 点的区域，可通过 P 点作一前马赫锥，其半顶角也为 μ，在前马赫锥所围区域 B 内任意一扰动源，都能对 P 点产生影响，而不在 B 区域内的扰动源，其后马赫锥一定不包含 P 点，因此前马赫锥所围的区域 B 称为 P 点的依赖区。

10.7　什么叫亚音速缘、音速缘和超音速缘？

答　如果来流相对于机翼前（后）缘的法向分速 $v_n < a_\infty$（$Ma_{\infty n} < 1$），则称该前（后）缘为亚声速前（后）缘，如 $v_n > a_\infty$（$Ma_\infty > 1$）则称为超声速前（后）缘。若 $v_n = a_\infty$（$Ma_\infty = 1$）则是声速前（后）缘。

10.8　什么叫二维区和三维区？

答　在具有超声速前缘的机翼上可找到这些区域，区内任意点的依赖区与二维直机翼或无限斜置翼一样仅受单一前缘的影响，称为二维区。如区内任意点的依赖区与二维机翼不同则是三维区。

10.9　试比较亚音速前后缘和超音速前后缘的流动图画及压差分布特点。

答　1）超声速前缘和超声速后缘流动特点

（1）翼面上有三维区，三维区包括翼梢影响区和翼根影响区；

（2）因为前后缘 $Ma_{\infty n} > 1$，上下翼面气流不会通过前后缘而相互影响；

（3）在垂直前后缘的截面上看，前后缘压差载荷均为有限值。

2）亚声速前缘超声速后缘

该种情况的一个明显特点是翼面上不存在二维区，全是三维区；其次是不仅前缘上的点要受到一部分翼面的影响，而且在垂直前缘截面上看，前缘具有亚声速无激波绕流特性。

3）亚声速前缘亚声速后缘

此种情况最显著的特点是，后缘也要影响翼面上的流动，且上下表面气流在后缘处汇合而互相影响。在垂直后缘截面上看，气流应满足后缘压差载荷为零的条件。

10.10　后掠翼的主要优点是什么？

答　由于后掠翼可以提高临界 Ma 数，降低波阻，因而被高速飞机广泛采用。

10.4　习题解答

10-1　已知某一亚音速翼型低速时的 $C_{l\alpha} = 6.58$，按普朗特-格劳厄脱公式求：同一翼型在 $Ma_\infty = 0.6$ 和 $Ma_\infty = 0.8$ 时 $C_{l\alpha}$ 各为多少？

解　低速不可压 $(C_{l\alpha})_{不} = 6.58$

按普朗特-格劳厄脱公式 $(C_{l\alpha})_{Ma_\infty} = \dfrac{1}{\sqrt{1-Ma_\infty^2}}(C_{l\alpha})_{不}$

$$C_{l\alpha}\Big|_{Ma_\infty=0.6}=\frac{1}{\sqrt{1-0.6^2}}\times 6.58=8.225$$

$$C_{l\alpha}\Big|_{Ma_\infty=0.8}=\frac{1}{\sqrt{1-0.8^2}}\times 6.58=10.97$$

10-2 NACA0006 翼型在亚音速风洞中实验，测得 $\alpha=0°$ 附近的升力线斜率 $C_{l\alpha}$ 值如下如表 10-1 所示。

表 10-1

Ma_∞	0.3	0.4	0.5	0.6	0.7	0.8
$C_{l\alpha}$ / rad^{-1}	0.596	0.620	0.654	0.710	0.801	0.963

（1）按此实验结果画出 $C_{l\alpha}\sim Ma_\infty$ 曲线；

（2）用普朗特-格劳厄脱公式根据 $Ma_\infty=0.3$ 的数据推算 $C_{l\alpha}\sim Ma_\infty$ 曲线，并与实验曲线比较。

解 （1）曲线如图 10.7 所示。

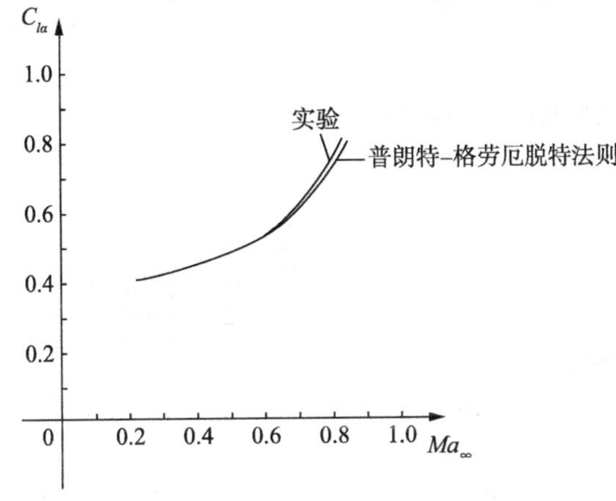

图 10.7 习题 10-2 图

（2）由普朗特-格劳厄脱公式 $(C_{l\alpha})_{Ma_\infty}=\dfrac{1}{\sqrt{1-Ma_\infty^2}}(C_{l\alpha})_{不}$

$$(C_{l\alpha})_{不}=(C_{l\alpha})_{Ma_\infty}\cdot\sqrt{1-Ma_\infty^2}=0.596\times\sqrt{1-0.3^2}=0.569(\text{rad}^{-1})$$

$$C_{l\alpha}\Big|_{Ma_\infty=0.3}=\frac{1}{\sqrt{1-0.3^2}}\times 0.569=0.596(\text{rad}^{-1})$$

$$C_{l\alpha}\Big|_{Ma_\infty=0.4}=\frac{1}{\sqrt{1-0.4^2}}\times 0.569=0.621(\text{rad}^{-1})$$

$$C_{l\alpha}\Big|_{Ma_\infty=0.5}=\frac{1}{\sqrt{1-0.5^2}}\times 0.569=0.657(\text{rad}^{-1})$$

$$C_{l\alpha}\Big|_{Ma_\infty=0.6}=\frac{1}{\sqrt{1-0.6^2}}\times 0.569=0.711(\text{rad}^{-1})$$

$$C_{l\alpha}\Big|_{Ma_\infty=0.7}=\frac{1}{\sqrt{1-0.7^2}}\times 0.569=0.797(\text{rad}^{-1})$$

$$C_{l\alpha}\Big|_{Ma_\infty=0.8}=\frac{1}{\sqrt{1-0.8^2}}\times 0.569=0.948(\text{rad}^{-1})$$

10-3　已知某飞机质量为 5400 kg，机翼面积为 22.6 m^2，零升力迎角为 0°，飞行 Ma 数为 0.6 时的升力系数斜率为 0.069（1/rad），求在 5000m 高度（$\rho=0.7361\ \text{kg/m}^3$，$a=321\text{m/s}$）以该 Ma 数作水平飞行时的迎角和升力系数。

解　平飞升力系数：$C_L=\dfrac{2G}{\rho V_\infty^2 S}=\dfrac{2\times 5400\times 9.8}{0.7361\times(321\times 0.6)^2\times 22.6}=0.172$

由 $C_L=C_{L\alpha}(\alpha-\alpha_0)$，得

$$\alpha=\frac{C_L}{C_{L\alpha}}+\alpha_0=\frac{0.172}{0.069}+0=2.49(°)$$

10-4　如图 10.8 所示，超音速气流以 $\alpha=5°$，$Ma_\infty=2$ 流过二维平板机翼。(1) 试画出平板机翼的超音速流动图画（波系）。(2) 求机翼的升力系数 C_l、波阻系数 C_{dw}。

解　(1) 超音速流动图画如图 10.9 所示。

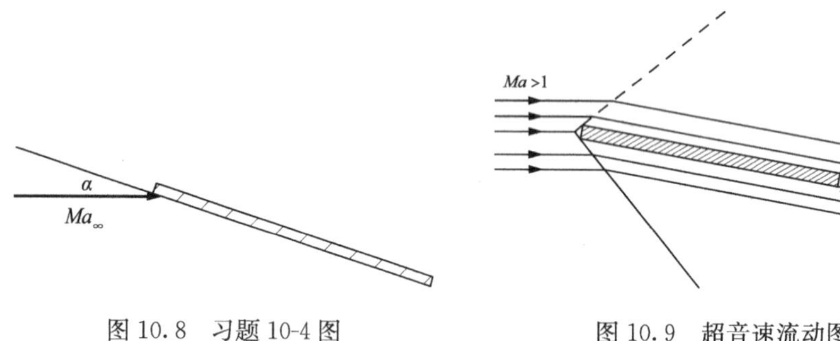

图 10.8　习题 10-4 图　　　图 10.9　超音速流动图

(2) 升力系数：$C_l=\dfrac{4\alpha}{\sqrt{Ma_\infty^2-1}}=\dfrac{4\times\frac{5}{57.3}}{\sqrt{2^2-1}}=0.202$

波阻系数：$C_{dw}=\dfrac{4\alpha^2}{\sqrt{Ma_\infty^2-1}}=\dfrac{4\times\left(\frac{5}{57.3}\right)^2}{\sqrt{2^2-1}}=0.0176$

10-5　如图 10.10 所示，一双楔形超音速翼型。已知 $\bar{x}_t=0.75$，$c=1$，$t=0.1$。试求当 $\alpha=4°$，$Ma_\infty=2$ 时，翼型的升力系数 C_l 和波阻系数 C_{dw}。

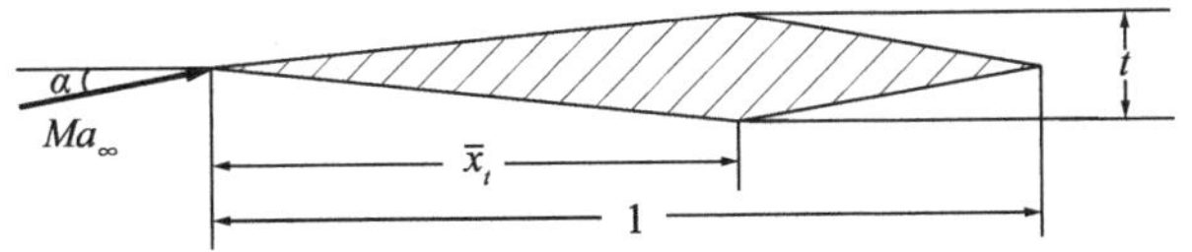

图 10.10 习题 10-5 图

解 $\bar{t}=\dfrac{t}{c}=0.1$，$K=\dfrac{1}{4\bar{x}_t(1-\bar{x}_t)}=\dfrac{1}{4\times0.75\times(1-0.75)}=1.333$

升力系数：$C_l=\dfrac{4}{B}\alpha=\dfrac{4}{\sqrt{3}}\times\dfrac{4}{57.3}=0.161$

波阻系数：$C_{dw}=C_{d0w}+C_{diw}=\dfrac{4K\,\bar{t}^2}{\sqrt{Ma_\infty^2-1}}+\dfrac{\sqrt{Ma_\infty^2-1}}{4}C_l^2$

$=\dfrac{4\times1.333\times0.1^2}{\sqrt{2^2-1}}+\dfrac{\sqrt{2^2-1}}{4}\times0.161^2=0.0308+0.0112=0.042$

10-6 $Ma_\infty=20$ 的高超音速气流以 $\alpha=10°$ 流过一平板翼型，试根据牛顿公式计算 $C_{p上}$、$C_{p下}$、C_l 和波阻系数 C_{dw}。

解 由牛顿理论

上翼面压强系数：$C_{p上}=0$

下翼面压强系数：$C_{p下}=2\sin^2\alpha=2\times\sin^2 10°=0.0603$

升力系数：$C_l=2\sin^2\alpha\cos\alpha=2\times\sin^2 10°\times\cos 10°=0.0594$

波阻系数：$C_{dw}=2\sin^3\alpha=2\sin^3 10°=0.0105$